Aurelie Spiesser

Structures hybrides pour la spintronique à base de semi-conducteurs

Aurelie Spiesser

Structures hybrides pour la spintronique à base de semi-conducteurs

Croissance épitaxiale et propriétés structurales et magnétiques d'hétérostructures de Mn5Ge3 sur Ge

Presses Académiques Francophones

Impressum / Mentions légales

Bibliografische Information der Deutschen Nationalbibliothek: Die Deutsche Nationalbibliothek verzeichnet diese Publikation in der Deutschen Nationalbibliografie; detaillierte bibliografische Daten sind im Internet über http://dnb.d-nb.de abrufbar.
Alle in diesem Buch genannten Marken und Produktnamen unterliegen warenzeichen-, marken- oder patentrechtlichem Schutz bzw. sind Warenzeichen oder eingetragene Warenzeichen der jeweiligen Inhaber. Die Wiedergabe von Marken, Produktnamen, Gebrauchsnamen, Handelsnamen, Warenbezeichnungen u.s.w. in diesem Werk berechtigt auch ohne besondere Kennzeichnung nicht zu der Annahme, dass solche Namen im Sinne der Warenzeichen- und Markenschutzgesetzgebung als frei zu betrachten wären und daher von jedermann benutzt werden dürften.

Information bibliographique publiée par la Deutsche Nationalbibliothek: La Deutsche Nationalbibliothek inscrit cette publication à la Deutsche Nationalbibliografie; des données bibliographiques détaillées sont disponibles sur internet à l'adresse http://dnb.d-nb.de.
Toutes marques et noms de produits mentionnés dans ce livre demeurent sous la protection des marques, des marques déposées et des brevets, et sont des marques ou des marques déposées de leurs détenteurs respectifs. L'utilisation des marques, noms de produits, noms communs, noms commerciaux, descriptions de produits, etc, même sans qu'ils soient mentionnés de façon particulière dans ce livre ne signifie en aucune façon que ces noms peuvent être utilisés sans restriction à l'égard de la législation pour la protection des marques et des marques déposées et pourraient donc être utilisés par quiconque.

Coverbild / Photo de couverture: www.ingimage.com

Verlag / Editeur:
Presses Académiques Francophones
ist ein Imprint der / est une marque déposée de
OmniScriptum GmbH & Co. KG
Heinrich-Böcking-Str. 6-8, 66121 Saarbrücken, Deutschland / Allemagne
Email: info@presses-academiques.com

Herstellung: siehe letzte Seite /
Impression: voir la dernière page
ISBN: 978-3-8416-2594-6

Zugl. / Agréé par: Marseille, Université d'Aix-Marseille II, 2011

Copyright / Droit d'auteur © 2014 OmniScriptum GmbH & Co. KG
Alle Rechte vorbehalten. / Tous droits réservés. Saarbrücken 2014

Liste des acronymes :

— AES : Auger Electron Spectrosopy (Spectroscopie des électrons Auger)

— DMS : Diluted Magnetic Semiconductors (Semi-conducteur magnétiques dilués)

— GMR : Giant MagnetoResistance (Magnétorésistance géante)

— CCD : Charge-Coupled Device (Dispositif à transfert de charge)

— CMA : Cylindrical Mirror Analyzer (Analyseur à miroirs cylindriques)

— CMOS : Complementary Metal Oxide Semiconductor (Semi-conducteur à oxyde de métal complémentaire)

— CPP-GMR : Current Perpendicular to Plane-GMR (GMR avec le courant perpendiculaire au plan)

— FC-ZFC : Field Cooled - Zero Field Cooled (Méthode de refroidissement en champ - refroidissement en champ nul)

— HEMT : High Electron Mobility Transistor (Transistor classique à haute mobilité d'électron)

— HR-TEM : High Resolution Transmission Electron Microscopy (Microscopie électronique en transmission à haute résolution)

— spin-LED : Spin Light Emitting Diode (Diode électroluminescente à spin)

— MOSFET : Metal Oxide Semiconductor Fied Effect Transistor (Transistor à effet de champ à grille isolée)

— MBE : Molecular Beam Epitaxy (Epitaxie par jets moléculaires)

— RHEED : Reflection High Energy Electron Diffraction (Diffraction d'électrons de haute énergie en réflexion)

— SIMS : Secondary ion mass spectroscopy (Spectroscopie de masse d'ion secondaires)

— SQUID : Superconducting Quantum Interference Device (Magnétomètre à SQUID)

— STM : Scanning Tunneling Microscopy (Microscopie à effet tunnel)

— TMR : Tunneling MagnetoResistance (Magnétorésistance tunnel)

— UPS : Ultraviolet Photoemission Spectroscopy (Spectroscopie de Photoémission ultraviolette)

— VSM : Vibrating Sample Magnetometry (Magnétomètre à échantillon vibrant)

— XPS : X-ray Photoemission Spectroscopy (Spectroscopie de photoémission X)

— XRD : X-Ray Diffraction (Diffraction de rayons X)

— 2DEG : Two Dimensional electron gas (Gaz bidimensionnel d'électrons)

Table des matières

Introduction générale

Depuis la découverte de la magnétorésistance géante (GMR) en 1988 [1, 2], les progrès réalisés dans l'élaboration de couches minces et le concept fondamental de courant polarisé en spin ont permis l'essor d'une nouvelle branche des nanosciences : l'électronique de spin. Le succès de ce nouveau domaine repose sur le développement d'une physique fondamentale très riche et permet la réalisation de dispositifs aux applications variées.

À l'heure actuelle, si la plupart des fonctions de traitement des données dans la micro-électronique traditionnelle sont basées sur la manipulation des porteurs de charges électriques dans le silicium, la fonction de stockage reste toujours physiquement et technologiquement séparée, l'information étant codée dans l'aimantation des matériaux magnétiques. Ainsi, les propriétés de spin des porteurs ne sont pas encore utilisées dans la fonction de traitement de données alors qu'elles sont à l'origine du stockage des données dans les matériaux magnétiques.

Dans ce contexte, l'électronique de spin ou spintronique se propose d'utiliser à la fois les propriétés de charge et de spin des porteurs pour la réalisation de nouveaux dispositifs électroniques plus performants. L'impact de cette nouvelle discipline combinant électronique traditionnelle et transport dépendant du spin est déjà considérable, et la recherche de nouveaux matériaux permettant de combiner ces deux propriétés conditionnent aujourd'hui la réalisation de nouveaux dispositifs. Parmi ces matériaux, les matériaux ferromagnétiques possèdent un fort potentiel et font désormais l'objet de nombreuses études [3, 4, 5, 6, 7]. En effet, l'élaboration d'hétérostructures métal ferromagnétique/semi-conducteur pourrait permettre une injection, une manipulation et une détection d'un courant polarisé en spin dans un semi-conducteur et permettre ainsi d'intégrer dans un même dispositif les fonctions de mémoires, de détection et de traitement du signal.

Cependant, l'intégration de ces nouveaux types de dispositifs dans l'électronique actuelle se heurte aujourd'hui à certaines difficultés d'ordre technologiques et fondamentales. Actuellement, deux voies principales sont explorées : l'utilisation de semi-conducteurs ferromagnétiques et l'injection de spin[1] à partir de métaux ferromagnétiques. La première méthode, qui consiste à incorporer des faibles quantités d'éléments magnétiques dans un semi-conducteur, a déjà démontré des résultats intéressants. Cependant, le développement de ces semi-conducteurs ferromagnétiques reste limité par la faible solubilité des éléments magnétiques dans les semi-conducteurs et des températures de Curie encore trop basses ($< 200K$).

La seconde approche consiste à injecter un courant polarisé en spin à partir d'un métal ferromagnétique vers un semi-conducteur. Cependant, cette voie se heurte à deux obstacles majeurs qui diminuent considérablement l'efficacité d'injection de spin : la réactivité chimique à l'interface métal ferromagnétique/semi-conducteur (FM/SC) et la différence de conductivité ou de densité d'états entre les deux types de matériaux. De nombreuses études expérimentales et théoriques sur les propriétés structurales, magnétiques et chimiques des interfaces métaux FM/SC ont alors été réalisées afin d'élucider ce problème. Deux solutions principales per-

---

1. Nous parlerons fréquemment d'injection "de spin " pour désigner en fait l'injection "d'un courant polarisé en spin". Par ailleurs, le terme de "spin" désignant en fait le "moment magnétique de spin" est également un abus. En toute rigueur, le "spin" désigne le moment cinétique de spin, qui est anti-parallèle au moment magnétique de spin.

mettent de surmonter ces difficultés [8] : l'insertion d'une barrière tunnel, généralement un oxyde (comme MgO [9]) ou alors l'injection directe d'un courant polarisé en spin à travers la barrière Schottky entre le métal FM et le semi-conducteur [10].

Ce travail de thèse s'inscrit dans cette dernière approche et porte sur la croissance d'hétérostructures constituées de matériaux ferromagnétiques/ semi-conducteurs pour des applications en électronique de spin. L'objectif de cette thèse est de contribuer au développement de nouveaux matériaux ferromagnétiques afin d'obtenir des films minces épitaxiés sur un semi-conducteur compatible avec les technologies actuelles basées sur le silicium.

Dans ce manuscrit, nous avons exploré les propriétés du couple Mn_5Ge_3/ Ge. Le Mn_5Ge_3 est un composé ferromagnétique jusqu'à température ambiante qui est un peu plus exotique que les métaux ferromagnétiques classiques tels que Fe, Co, Ni. Ce matériau a l'avantage de pouvoir s'intégrer plus facilement au Ge, semi-conducteur du groupe IV, car la réactivité d'interface est faible. En effet, lorsque la plupart des métaux de transition comme le Fe ou le Co forment des composés non magnétiques aux interfaces métaux FM/SC, le Mn_5Ge_3 forme un film épitaxié sur le Ge sans composé intermédiaire à l'interface [11]. Ce dernier apparaît donc comme un candidat à fort potentiel pour la réalisation d'une structure d'injection de spin à travers à la barrière Schottky dans un semi-conducteur du groupe IV.

Ce manuscrit développera donc différentes caractéristiques du matériau Mn_5Ge_3, et traitera plus particulièrement de son élaboration et des ses propriétés physiques. Il s'articule autour de six chapitres.

Le premier chapitre est consacré aux enjeux de l'électronique de spin et plus particulièrement aux problèmes liés à l'injection d'un courant polarisé en spin dans les semi-conducteurs. Les résultats expérimentaux pertinents concernant l'élaboration d'hétérostructures métal FM/SC seront passés en revue et mis en perspective avec la problématique définie. Le choix du système Mn_5Ge_3/Ge et la technique d'élaboration utilisée seront ensuite présentés de façon à poser les objectifs de ce travail de thèse.

Le deuxième chapitre décrit les techniques expérimentales les plus utilisées au cours de ce travail, en mettant l'accent sur leurs limitations éventuelles. Le principe de l'épitaxie par jets moléculaires sera détaillé et nous montrerons que cette technique permet l'élaboration de nos structures d'une façon unique. Deux techniques de caractérisations structurales, indispensables dans l'étude de systèmes structurés à l'échelle nanométrique, seront présentées : la diffraction d'électrons de haute énergie en incidence rasante (RHEED) et la microscopie électronique en transmission (TEM). Enfin, la description des propriétés magnétiques du système Mn_5Ge_3/Ge nécessite l'utilisation de techniques de magnétométrie (VSM et SQUID). L'accent sera mis sur les difficultés rencontrées quant à l'interprétation de ces mesures magnétiques.

Dans le troisième chapitre, un bref état de l'art présentera les propriétés spécifiques du composé Mn_5Ge_3. La méthode de croissance par épitaxie en phase solide sera ensuite introduite, elle conduira à la formation de films minces épitaxiés. À ce stade, il nous a paru important de déterminer en détail la structure cristalline, les relations d'épitaxie et les défauts cristallins présents dans les couches minces. La qualité de l'interface entre le Mn_5Ge_3 et le Ge est également déterminante pour le transport dépendant du spin [12]. Enfin, une description des propriétés magnétiques macroscopiques et les premiers résultats des mesures électriques permettront une meilleure connaissance des propriétés spécifiques du système Mn_5Ge_3/Ge.

Le quatrième chapitre consiste à étudier l'évolution de l'anisotropie magnétique des couches minces de Mn_5Ge_3 sur Ge en fonction de l'épaisseur des couches. On montrera notamment que le Mn_5Ge_3 sous forme de film mince présente un comportement magnétique original avec une anisotropie magnétique différente du celle du matériau massif. Nous détaillerons les différentes énergies magnétiques mises en jeu dans notre système afin de mieux comprendre l'origine de l'anisotropie magnétique particulière observée.

Dans le cinquième chapitre, nous exposerons les premiers résultats expérimentaux sur l'incorporation de carbone dans les couches minces de Mn_5Ge_3 épitaxiées sur Ge(111). Les propriétés structurales et magnétiques de ces échantillons élaborés par épitaxie en phase solide seront exposées, en fonction de la quantité de carbone incorporée. Nous verrons que cette méthode de croissance permet d'obtenir des couches de $Mn_5Ge_3C_x$ ayant une température de Curie élevée, tout en conservant une excellente qualité structurale. Une confrontation entre résultats expérimentaux et calculs théoriques permettra d'évaluer le rôle du carbone et d'expliquer la formation de clusters au-delà d'une certaine concentration limite de carbone. Par ailleurs, la technique de croissance par épitaxie par dépôt réactif (RDE) à haute température a été réalisée. Nous verrons que le dépôt de Mn et C à 450°C conduit à un résultat inattendu. Des mesures magnétiques et des analyses structurales permettront de mettre en évidence des propriétés nouvelles ainsi que l'influence du carbone lors du dépôt.

Enfin, le sixième et dernier chapitre s'intéresse à la stabilité thermique des couches minces de Mn_5Ge_3 et de $Mn_5Ge_3C_x$ épitaxiées sur Ge(111). L'influence de la température de recuit sur les caractéristiques morphologiques, structurales et magnétiques des films sera été examinée. Des effets réversibles lors du dopage avec le carbone et lors de recuits thermiques post-croissance seront observés à travers cette étude.

Chapitre 1

Introduction aux couches minces ferromagnétiques pour l'électronique de spin

Dans ce chapitre, nous introduirons le contexte général dans lequel s'est développé ce travail de thèse, à savoir l'élaboration de couches minces ferromagnétiques sur semi-conducteur pour des applications en électronique de spin. Les principales voies de recherche seront présentées et les obstacles majeurs au développement de cette nouvelle électronique permettront de justifier le choix de notre système. Un état de l'art sur l'utilisation d'hétérostructures métal ferromagnétique (FM)/semi-conducteur (SC) dans des structures de tests d'injection de spin mettra en évidence les conditions nécessaires à la réalisation d'un dispositif efficace. Par ailleurs, les difficultés fondamentales liées à l'injection et la détection de spin dans un semi-conducteur seront développées. Il s'agit de dresser une brève analyse des théories et expériences récentes et de préciser les savoir-faire techniques acquis dans ce domaine au sein de la communauté scientifique. Pour finir, les enjeux et motivations qui nous ont poussés à développer le système Mn_5Ge_3/Ge et les objectifs de ce travail seront exposés.

1.1 Vers la manipulation du spin : les enjeux de l'électronique de spin

L'électronique de spin ou spintronique a connu un essor considérable depuis la découverte en 1988 de la magnétorésistance géante (GMR) dans les multicouches métal-liques [1, 2]. L'étude des films minces magnétiques et de nanostructures définies dans des systèmes exploitant la GMR a donné lieu à de nombreuses avancées en termes de physique fondamentale, ainsi qu'à de nombreux développements en micro-électronique (capteurs magnétiques, têtes de lecture de disques durs). Cependant, il existe une voie beaucoup plus exploratoire dans le but de combiner les propriétés de spin des matériaux ferromagnétiques (utilisés dans les vannes à spin) aux fonctions de traitement de l'information et de logique des semi-conducteurs. En effet, la réalisation de dispositifs d'injection/détection de spin pourraient permettre d'ajouter des fonctionnalités aux dispositifs actuels basés sur la technologie des semi-conducteurs. Cependant, de nombreux obstacles ont ralenti le développement de tels systèmes : des contraintes purement techniques, mais aussi des difficultés plus fondamentales concernant le transport dépendant du spin. Ainsi, la maîtrise des matériaux utilisés pour la réalisation de tels dispositifs constitue encore un problème central pour le développement futur de l'électronique de spin. En particulier, on verra que la synthèse d'un bon injecteur de spin est l'un des défis majeurs de cette nouvelle électronique. Pour parvenir à cet objectif, des questions d'ordre fondamental ou technologique ont été soulevées :

— Quels sont les obstacles à une injection et à une détection efficaces d'un courant polarisé en spin ?

— Quels matériaux et structures choisir ?

Dans cette partie, nous allons brièvement décrire le contexte historique dans lequel s'est developpée l'électronique de spin et les principaux objectifs de la manipulation d'un courant polarisé en spin dans un semi-conducteur. Nous présenterons ensuite les deux approches majeures qui se sont développées ces dernières années ainsi que leurs limites. Enfin, les conditions d'injection et les principaux dispositifs mis en œuvre pour palier aux difficultés rencontrées permettront de comprendre dans quelle mesure les systèmes métaux ferromagnétiques/semi-conducteurs répondent aux exigences de l'électronique de spin.

1.1.1 Contexte historique et objectifs de l'électronique de spin

Le concept de conduction électrique dépendante du spin dans les métaux ferromagnétiques fut d'abord proposé par Mott en 1936 [13] afin d'expliquer la variation particulière de la résistivité au voisinage de la température de Curie. Cependant, la découverte de la magnétorésistance géante (GMR) en 1988 par les équipes d'Albert Fert [1] et de Peter Grünberg [2] dans les multicouches de Fe/Cr marque véritablement le début de l'électronique de spin. Le principe est relativement simple : la variation de l'arrangement magnétique des couches (parallèle ou antiparallèle) sous l'application d'un champ magnétique externe conduit à une variation de la résistance électrique. Cet effet est basé sur l'utilisation de métaux ferromagnétiques dans lesquels, d'après le modèle à deux canaux de Mott, le courant est porté majoritairement par un canal : le courant est donc polarisé en spin [13, 14].

Le principe de la GMR a été rapidement exploité dans des applications diverses telles que les capteurs magnétiques ou les têtes de lecture de disques durs.

La manipulation d'un courant polarisé en spin dans les semi-conducteurs est une voie plus exploratoire. Contrairement à l'électronique traditionnelle basée exclusivement sur le contrôle de la charge des porteurs (électrons et trous) dans les semi-conducteurs, l'électronique de spin se propose d'utiliser non seulement leur charge, mais aussi leur spin. La maîtrise de ce nouveau degré de liberté ouvre de nouvelles perspectives pour la réalisation de dispositifs électroniques plus performants. Ces dispositifs possèderaient plusieurs avantages : tout d'abord une grande rapidité d'exécution [15]. En effet, en combinant matériaux semi-conducteurs et magnétiques, on peut plus efficacement répartir de la mémoire magnétique au-dessus des circuits logiques, rendant la communication plus rapide. Par ailleurs, la non-volatilité du spin permettrait d'introduire des mémoires non volatiles dans les circuits logiques [16], réduisant de façon notable la consommation électrique des circuits microélectroniques en diminuant tous les courants de fuite. Cependant, la réalisation de tels systèmes nécessite de résoudre un grand nombre de difficultés liées aux étapes d'injection, de manipulation et de détection d'un courant polarisé en spin dans les semi-conducteurs.

Datta et Das furent les premiers à proposer le concept de transistor à spin à effet de champ (spin-FET spin-Field Effect Transistor) en 1990 [17]. Ce transistor, présenté en figure 1.1.1, est basé sur un transistor classique à haute mobilité d'électron HEMT (High Electron Mobility Transistor) dont le canal de conduction est constitué d'un gaz bidimensionnel d'électrons (2DEG). Composé de contacts ferromagnétiques (source et drain) séparés par un canal semi-conducteur, les spins sont envoyés dans le canal semi-conducteur par la source, où ils sont manipulés par une tension de grille sous l'effet Rashba [18]. Ils sont ensuite détectés par le drain. Le courant mesuré dans le drain étant dépendant de la polarisation en spin des électrons en sortie du canal, on va observer une oscillation du courant en fonction de la tension de grille. Récemment, l'élaboration de ce type de spin-FET a été démontrée experimentalement en utilisant une héterostructure à base de InAs [19]. Cependant, les résultats obtenus restent controversés [20], et des questions se posent quant aux véritables avantages de ce type de transistor.

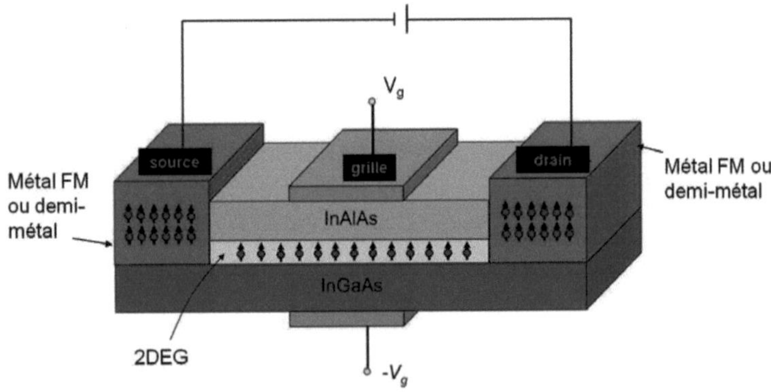

FIGURE 1.1.1 – Schéma du concept du transistor à spin appelé spin-FET. Le courant polarisé en spin est injecté du métal ferromagnétique (FM) dans le canal 2DEG où il est manipulé via une tension de grille V_g puis détecté dans le drain. D'après Datta et Das. [17]

Ils existent cependant d'autres dispositifs semi-conducteurs dépendant du spin avec de nouvelles architectures plus performantes tels que la diode à spin (spin-Light Emitted Diode), ou la diode à résonance tunnel dépendant du spin (spin-dependent Resonant Tunneling Diode). Ces nouveaux systèmes représentent des candidats à fort potentiel pour enrichir la technologie actuelle basée sur les transistors à effet de champ à grille isolée (Metal Oxide Semiconductor Fied Effect Transistor MOSFET) [21]. L'injection d'un courant polarisé en spin dans un semi-conducteur est donc un challenge majeur pour arriver à ce type d'application et nécessite de surmonter certains obstacles physiques importants. En effet, quatres conditions essentielles doivent être satisfaites afin de développer la technologie des semi-conduteurs à spin vers des applications industrielles :

(i) l'efficacité d'injection électrique d'un courant polarisé en spin d'un contact dans un semi-conducteur ;

(ii) le transport efficace et suffisamment long des porteurs de spins (τ_S durée de vie du spin) à l'intérieur du semi-conducteur ;

(iii) le contrôle et la manipulation des porteurs de spins afin d'assurer la fonctionnalité désirée ;

(iv) la détection efficace du courant polarisé en spin afin de produire un signal de sortie exploitable.

1.1.2 Deux approches pour l'injection de spin

Pour répondre à ces besoins, deux méthodes principales se sont développées durant la dernière décennie : l'utilisation de semi-conducteurs ferromagnétiques dilués (DMS) comme polariseur de spin ou l'injection d'un courant polarisé en spin à partir d'un métal FM vers un semi-conducteur.

1.1.2.1 Les semi-conducteurs ferromagnétiques

L'appellation "semi-conducteur ferromagnétique" est apparue au début des années 90 lorsque les progrès des techniques d'élaboration ont permis d'incorporer une quantité plus importante d'éléments magnétiques dans les semi-conducteurs. Ces semi-conducteurs présentaient alors une phase ferromagnétique clairement définie tout en conservant un caractère semi-conducteur. Un matériau qui serait ferromagnétique et semi-conducteur devrait alors permettre la manipulation indépendante ou conjointe des spins et des courants de charges (suivant que les porteurs sont responsables ou non du couplage magnétique), ce qui constitue l'objectif même de l'électronique de spin.

Pour réaliser des semi-conducteurs magnétiques, l'idée de base est donc d'introduire des éléments magnétiques tels que le Mn dans une matrice semi-conductrice, mais dans des quantités suffisamment faibles pour ne pas modifer la structure cristalline de la matrice. Pour cela, on va travailler avec des concentrations de quelques dixièmes à quelques pourcents en général. On donne ainsi le nom de semi-conducteurs magnétiques dilués (DMS Diluted Magnetic Semiconductors).

Les semi-conducteurs II-VI dopés par des impuretés magnétiques furent les premiers étudiés, essentiellement à base de tellurure et séléniure, dopés au manganèse, au fer ou au chrome [22, 23]. Cependant, parmi les semi-conducteurs II-VI, le $Zn_{1-x}Cr_xTe$ est le seul matériau dans lequel a été démontré un ferromagnétisme à température ambiante (300 ± 10 K) [24]. Mais ces résultats sont aujourd'hui discutés dans la mesure où ils ne sont pas la conséquence de la dilution du Cr, mais plutôt de sa précipitation [25]. Par ailleurs, les très faibles températures de Curie obtenues jusqu'à aujourd'hui dans les II-VI n'en font pas de très bons candidats pour des applications futures.

L'étude des semi-conducteurs magnétiques III-V, IV (semi-conducteurs de base de l'électronique) et II-IV-VI est un peu plus récente. Des résultats encourageants ont été obtenus, notamment sur le GaAs ou le Ge dopé au Mn [26, 27, 28, 29, 30, 31] ou au Cr [32, 33], ou sur le SiC dopé Fe, Ni ou Mn [34]. Le groupe de Ohno a également prouvé qu'il était possible de contrôler les propriétés magnétiques, et en particulier la température de Curie dans un DMS où le ferromagnétisme est induit par les trous [3]. Cependant, du fait de la faible solubilité des éléments magnétiques dans le semi-conducteur (généralement quelques %), les DMS possédent des températures de Curie encore trop basses. De plus, lorsque la limite de solubilité est dépassée, des problèmes d'inhomogénéités (formation d'agrégats, de précipités) apparaissent. Par conséquent, leur intégration dans des dispositifs pour l'injection de spin reste limitée à des structures de test fonctionnant à basse température.

1.1.2.2 Les hétérostructures métal ferromagnétique (FM)/semi-conducteur (SC)

Connaissant les difficultés pour obtenir un DMS homogène avec une température de Curie confortable (supérieure à la température ambiante), de nombreux efforts se sont tournés vers la seconde approche qui consiste à injecter un courant polarisé en spin à partir d'un métal FM. Le premier obstacle à la réalisation de tels systèmes est de trouver un métal ferromagnétique qui puisse être élaboré sur un semi-conducteur tout en conservant les propriétés du métal ferromagnétique et du semi-conducteur, notamment aux interfaces. Seuls quelques systèmes comme par exemple Fe/GaAs[35, 36] ont pu être élaborés sans qu'il n'y ait de réactions aux interfaces mais les conditions d'élaborations restent délicates. Le deuxième obstacle est lié à la forte différence de densité d'états entre le métal et le semi-conducteur. Cette différence provoque une dépolarisation du courant avant qu'il ne traverse le semi-conducteur. Cette dernière difficulté d'ordre plus fondamentale nécessite la compréhension de la physique liée au transport dépendant du spin. Nous allons voir comment il est possible de contourner cette difficulté.

1.2 Injection de spin d'un métal ferromagnétique dans un semi-conducteur

Les problèmes liés à l'injection de spin sont cruciaux pour la fabrication de dispositifs pour la spintronique basée sur les semi-conducteurs. Pour surmonter ces difficultés, il est nécessaire de rappeler les principes fondamentaux de la physique du transport dépendant du spin.

Le transport dépendant du spin au niveau de Fermi (E_F) repose essentiellement sur deux concepts : l'asymétrie de spin à cette énergie et la notion d'accumulation de spin. L'asymétrie de spin permet la génération d'un courant polarisé en spin alors que le phénomène d'accumulation de spin traduit l'injection d'un courant polarisé de spin d'un métal0 ferromagnétique vers un matériau semi-conducteur.

1.2.1 L'asymétrie de spin au niveau de Fermi

Dans les métaux de transition $3d$, la densité électronique au niveau de Fermi de spin up ($D_{EF}^{\uparrow\downarrow}$) n'est pas la même que celle de spin down ($D_{EF}^{\downarrow\uparrow}$), ce qui induit une polarisation de spin au niveau de Fermi, responsable du moment magnétique permanent observé dans ces matériaux. Un courant d'électrons circulant dans un métal ferromagnétique de transition est donc polarisé en spin alors qu'il ne l'est pas dans un métal non ferromagnétique. Le transport électronique peut alors dépendre du spin. En supposant les renversements de spins négligeables à l'échelle des phénomènes étudiés, il est possible de traiter séparément les deux canaux de spin (spin up ($\uparrow$) et spin down ($\downarrow$)), comme le stipule le modèle de Mott [13]. Dans ce cas, il est alors possible de définir un courant de spin qui représente la différence entre le courant des électrons de spin $\uparrow$ et ceux de spin $\downarrow$.

On peut ainsi introduire à ces deux canaux de spin des résistivités différentes données par :

$$\rho^{(\uparrow\downarrow)} = \frac{m^{(\uparrow\downarrow)}}{n^{(\uparrow\downarrow)}e^2\tau^{(\uparrow\downarrow)}} \; avec \; \frac{1}{\tau^{(\uparrow\downarrow)}} \propto \mid V^2 \mid D_{EF}^{\uparrow(\downarrow)} \tag{1.2.1}$$

où $n^{(\uparrow\downarrow)}$, $m^{(\uparrow\downarrow)}$, $\tau^{(\uparrow\downarrow)}$, $V^{(\uparrow\downarrow)}$, $D_{EF}^{(\uparrow\downarrow)}$ désignent respectivement le nombre d'électrons par unité de volume, la masse effective, le temps de relaxation, le potentiel diffuseur (impuretés), et la densité d'états au niveau de Fermi du canal du spin up (down). L'ensemble de ces grandeurs dépend éventuellement du spin. L'asymétrie de spin η de la résistivité est alors définie par :

$$\eta = \frac{\rho^{\uparrow} - \rho^{\downarrow}}{\rho^{\uparrow} + \rho^{\downarrow}} \tag{1.2.2}$$

Cette asymétrie des résistivités est liée à celles des densités d'états au niveau de Fermi et se traduit donc par la polarisation en spin dans le métal ferromagnétique qui peut être définie comme suit :

$$P = \frac{D_{EF}^{\uparrow} - D_{EF}^{\downarrow}}{D_{EF}^{\uparrow} + D_{EF}^{\downarrow}} \tag{1.2.3}$$

Ce résultat a été mis expérimentalement en évidence par Jullière en 1975 [37] dans des jonctions Fe/Ge/Co. Dans ces travaux, un modèle simple permet de relier les changements de résistances mesurés entre les configurations parallèle (P) et antiparallèle (AP) des deux aimantations des couches magnétiques aux asymétries de spin des densités d'états des deux métaux ferromagnétiques.

1.2.2 L'accumulation de spin

La deuxième notion importante à développer afin de comprendre les mécanismes régissant le transport dépendant du spin est l'accumulation de spin à l'interface métal ferromagnétique/semi-conducteur [38]. Pour réaliser un effet de vanne de spin ou un effet transistor, il est nécessaire de pouvoir injecter un courant de spin depuis le métal ferromagnétique vers un matériau non magnétique, typiquement un semi-conducteur puis le transporter sur une longueur finie dans le matériau non magnétique. Cependant, l'asymétrie de spin induit une polarisation en spin dans le métal ferromagnétique, ce qui n'est pas le cas dans le semi-conducteur.

En se plaçant dans l'approximation des bandes plates et dans un modèle de transport diffusif, les conditions aux limites de part et d'autre de l'interface entre le métal FM et le SC conduisent à un transfert de courant entre les deux canaux de spin dans cette région. Les électrons majoritaires vont s'accumuler à l'interface alors qu'il y aura une zone de déplétion pour les électrons minoritaires, d'où le terme de zone d'accumulation de spin. Cette zone s'étend sur une distance appelée longueur de diffusion de spin l_{sf}^F et l_{sf}^N pour le métal FM et le matériau non magnétique, respectivement, d'apres 1.2.1. Cette grandeur correspond à la distance moyenne parcourue par un électron au niveau de Fermi entre deux collisions renversant son spin dans un régime diffusif. À l'équilibre, l'accumulation de spin est alors un compromis entre les spins accumulés par le courant polarisé (issu de l'électrode magnétique), et les renversements des spins qui ont lieu dans le matériau semi-conducteur. Il en résulte un décalage du potentiel électrochimique entre les deux canaux de spin dans la région proche de l'interface, ce qui, dans le matériau non magnétique, est la source d'un courant polarisé en spin hors équilibre.

La loi d'Ohm et l'équation de continuité du courant pour chacun des deux canaux de spin dans le matériau non magnétique permettent de démontrer que l'accumulation de spin obéit à une équation de diffusion [40] :

$$\frac{\partial \delta\mu}{\partial z^2} = \frac{1}{l_{sf}}\delta\mu \qquad (1.2.4)$$

$$\delta\mu = 2er\delta J \qquad (1.2.5)$$

où r est la résistance de contact du matériau non magnétique (en $\Omega.m^2$) qui relie l'accumulation de spin ($\delta\mu$) au courant de spin (δJ) via une loi d'Ohm. L'accumulation de spin décroît de façon exponentielle à partir de l'interface sur une longueur de cohérence l_{sf} appelée la longueur de diffusion de spin. En supposant des temps de relaxation de spin similaires pour le métal et le semi-conducteur, ou alors dans le cas où les densités d'états sont équivalentes de part et d'autre de l'interface, avec un temps de relaxation de spin plus petit pour le métal ferromagnétique, le nombre de renversements de spin sera alors beaucoup plus important du côté métal et le courant sera dépolarisé avant de franchir l'interface (Fig. 1.2.1 (c)). La polarisation du courant à l'interface s'écrit alors [8, 41] :

$$(SP)_I = \left(\frac{J^\uparrow - J^\downarrow}{J^\uparrow + J^\downarrow}\right)_I = \frac{\beta}{1 + \frac{r_N}{r_F}} \qquad (1.2.6)$$

où β décrit la polarisation du courant dans le métal ferromagnétique et $r_N = \rho_N.l_{SF}^N$ et $r_F = \rho_F.l_{SF}^F$. Ainsi, pour obtenir un courant polarisé dans le

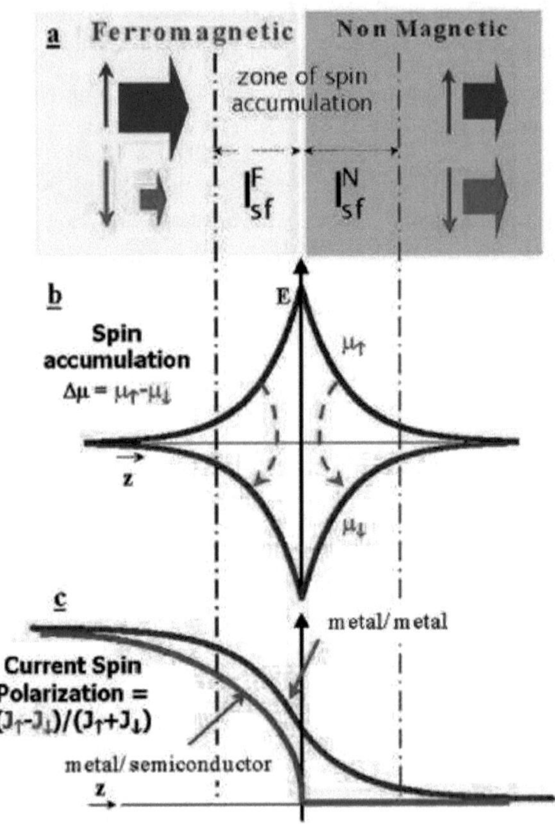

FIGURE 1.2.1 – (a) Courants de spin dans le composé ferromagnétique et dans le matériau non magnétique, loin de l'interface. (b) Dissociation des potentiels chimiques $\mu^\uparrow$ et $\mu^\downarrow$ à l'interface. Les flèches vertes représentent les spin-flips induits par la distribution hors d'équilibre des potentiels chimiques. (c) Variation de la polarisation du courant dans le cas où le nombre de spin-flips est équivalent de chaque côté de l'interface (cas métal/métal) et dans le cas où le nombre de renversements de spins dans le composé ferromagnétique est prédominant (cas métal/semi-conducteur). D'après Fert *et al.* [39].

matériau non magnétique (NM), la proportion de renversements de spin du côté du matériau NM doit être augmentée. De cette façon, l'accumulation de spin du côté NM sera plus importante par rapport à celle côté métal ferromagnétique.

1.2.3 Conditions d'injection et de détection de spin : effet des interfaces

Le nombre de renversements de spin sera donc très supérieur dans le métal ferromagnétique par rapport au matériau non magnétique. On peut donc prévoir que dans le cas d'un semi-conducteur, le courant sera très peu polarisé lorsqu'il est injecté dans le semi-conducteur. La solution pour contourner ce problème est l'introduction d'une interface résistive et dépendante du spin afin de créer une discontinuité du potentiel chimique à l'interface et d'égaliser le nombre de renversements qui a lieu dans chaque zone. L'effet d'une telle interface sur la polarisation du courant injecté dans le SC, peut se modéliser simplement à partir d'un schéma de résistances effectives en parallèle (modèle de Mott [13]). Nous introduisons ainsi une résistance d'interface $r_{\uparrow(\downarrow)}$ dépendante du spin et définie par [8] :

$$r_{\uparrow(\downarrow)} = 2.r_b^* . \left[1 - (+)\gamma \right] \tag{1.2.7}$$

avec r_b^* la résistance tunnel et $(+)\gamma$ le coefficient d'asymétrie de spin de l'interface. La figure 1.2.2 représente les profils d'accumulation de spin et de polarisation du courant dans les cas $r_b^* = r_N >> r_F$ (courbe bleu) et $r_b^* = 0$ (courbe rouge pointillée). La polarisation d'interface est relativement élevée dans le cas $r_b^* = r_N >> r_F$ et atteint la limite du coefficient d'asymétrie de spin γ pour $r_b^* >> r_N + r_F$.

La faible résistance d'interface entre les couches métalliques est seule-

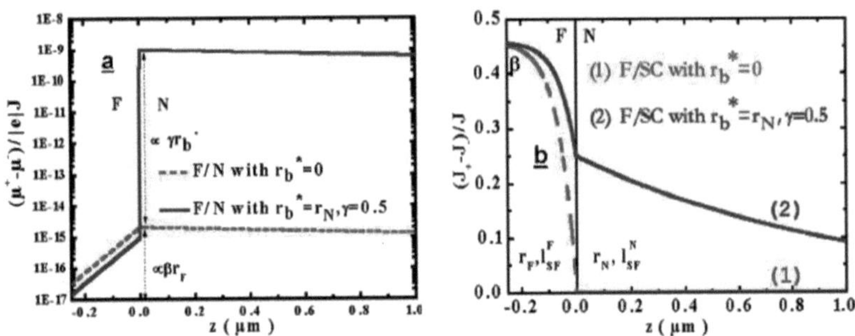

FIGURE 1.2.2 – (a) Accumulation de spin (échelle logarithmique) et (b) polarisation du courant à l'interface métal ferromagnétique (FM)/semi-conducteur (SC). Les calculs sont réalisés à 300 K sur le système Co/GaAs : F = Co ($r_F = 4.5 \times 10^{-15}$ $\Omega.m^2$, $b = 0.46$ et $l_{sf}^F = 60$ nm) et N=GaAs avec n=10^{16} cm^{-3} ($r_N = 4 \times 10^{-9}$ $\Omega.m^2$, et $l_{sf}^N = 2$ μm) avec une résistance d'interface $r_b^* = r_N$ et $\gamma = 0.5$ (courbe bleue), et sans résistance d'interface (courbe rouge pointillée). D'après Fert *et al.* [39].

ment remplacée par une très forte résistance qui représente la barrière tunnel aux interfaces émetteur/semi-conducteur et semi-conducteur/collecteur.

Pour injecter efficacement un courant polarisé en spin, une des solutions est d'avoir des résistances dans le métal FM et le matériau NM comparables, ce qu'on appelle "conductivity matching" : c'est le cas de la GMR, où le matériau non magnétique est un métal. D'autres solutions existent : l'idée est d'intercaler une interface résistive et dépendante du spin entre le métal FM et le SC. Cette dernière condition peut être réalisée en insérant une barrière tunnel, généralement un oxyde amorphe comme AlO_x dans le système ($CoFe/AlO_x/AlGaAs/GaAs$) [42] ou un oxyde cristallin comme MgO dans l'hétérostructure ($CoFe/MgO(001)/AlGaAs/GaAs$) [9]. Les auteurs obtiennent respectivement des polarisations du courant injecté de 9% (80 K) et de 32 % (290 K), ce qui ouvre la voie à des applications à température ambiante.

Une autre méthode existe et a l'avantage de s'affranchir de l'étape de dépôt de la barrière d'oxyde : l'injection directe d'un courant polarisé en spin à travers la barrière de Schottky entre le métal FM et le semi-conducteur. C'est cette dernière solution qui va nous intéresser et nous allons désormais présenter rapidement les principaux résultats expérimentaux obtenus sur des structures de test d'injection/détection de spin à travers un contact Schottky.

1.3 Résultats expérimentaux d'injection et de détection de spin à travers une barrière Schottky

1.3.1 Les spin-LED

Malgré les travaux théoriques de Schmidt *et al.* prédisant la dépolarisation du courant lors de l'injection de spin à travers un contact direct métal/semi-conducteur [38], Zhu *et al.* démontrèrent pour la première fois en 2001 le phénomène d'injection par la détection optique d'un courant polarisé en spin dans une diode de type Fe/InGaAs/GaAs [10]. Le principe de la spin-LED utilisée est le suivant : les porteurs polarisés sont injectés dans le semi-conducteur et se recombinent dans le puits quantique où ils émettent des photons polarisés circulairement. Les mesures sont effectuées en géométrie Faraday où la lumière est détectée parallèlement à l'aimantation : en général la détection se fait perpendiculairement au plan (Fig. 1.3.1 (b)) ce qui nécessite d'aimanter l'échantillon hors plan pour voir un effet de polarisation (Fig. 1.3.1(c)).

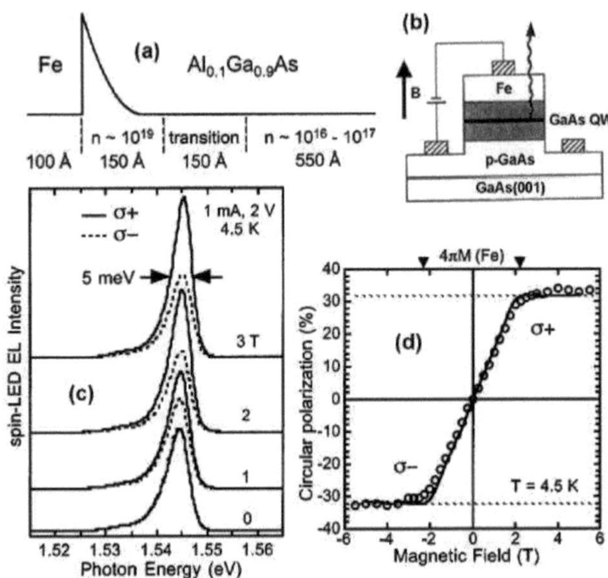

FIGURE 1.3.1 – (a) Représentation schématique du profil de la structure de bande de la spin-LED Fe/n-(Al,Ga)As/GaAs/p-(Al,Ga)As. (b) Schéma de la structure de la spin-LED utilisée pour les mesures de photoluminescence en géométrie Faraday. (c) Spectres de photoluminescence de la spin-LED pour différents champs appliqués analysés en polarisation σ^+ (ligne continue) et σ^- (ligne pointillée). (d) Aimantation de la couche de Fe mesurée par SQUID (ligne continue) corrélée à l'évolution de la polarisation circulaire en fonction du champ appliqué (cercles vides). D'après Hanbicki *et al.* [43].

Le confinement du puits de GaAs ou (In,Ga)As va provoquer une levée de dégénérescence des trous lourds et des trous légers dans la bande de valence. Cela permet en sélectionnant les recombinaisons vers les trous lourds de mesurer une polarisation circulaire de la lumière (P_{Circ}) égale à la polarisation en spin d'un courant injecté dans le semi-conducteur (P_{Spin}). Malgré l'absence de barrière tunnel, une polarisation circulaire de la lumière de 2% est observée. Ce transport tunnel à travers la barrière Schottky à l'interface Fe/GaAs démontre clairement la possibilité d'injecter directement un courant polarisé en spin dans un semi-conducteur.

Avec cette même méthode, Hanbicki *et al.* ont mesuré par luminescence des polarisations électroniques injectées dans le SC de 32% (4.5 K) en utilisant des hétérostructures Fe/AlGaAs/GaAs (Fig. 1.3.1) [43].

Les auteurs ont souligné l'importance d'une croissance à basse température de la couche de fer ($10 - 15°C$) pour limiter la réactivité. Adelmann *et al.* ont annoncé pour le même système une polarisation en spin des porteurs de 6% dans le semi-conducteur à température ambiante [7]. Le transport polarisé en spin à l'interface métal ferromagnétique (FM)/semi-conducteur (SC) dans une structure NiFe/GaAs a également été exploré par Hirohata *et al.* [44]. Ce système a permis de valider la détection électrique de spin et de déterminer les paramètres importants d'une telle détection : épaisseur de l'électrode magnétique, dopage du semi-conducteur, longueur d'onde du laser etc...

Cette voie apparaît donc très prometteuse puisqu'elle a l'avantage de supprimer une étape supplémentaire de dépôt par rapport à l'introduction d'une barrière tunnel. Néanmoins, pour obtenir une injection efficace à travers la barrière Schottky, il est nécessaire de bien contrôler l'interface entre le métal FM et le SC ainsi que le taux dopage dans le SC. En effet, il faut être capable de doper fortement la région proche de l'interface dans le SC afin d'obtenir une zone de déplétion d'une dizaine d'angströms qui joue le rôle d'une barrière tunnel. Nous verrons par la suite que la croissance du SC par épitaxie par jets moléculaires (MBE) ou par dépôt chimique en phase vapeur (CVD) permet ce type de profil de dopage, et l'élaboration du métal FM par MBE nous permet de contrôler au mieux la qualité cristalline de l'interface et de la couche.

1.3.2 Les structures latérales

Plus récemment, Crooker *et al.* a réalisé une structure latérale semi-conductrice Fe/(Al,Ga)As (Fig. 1.3.2 (a)) [5] similaires à celles utilisés dans les spin-LED par le groupe de Hanbicki [43] et Adelmann *et al.* [7].

L'injection et l'accumulation de spin dans le canal semi-conducteur du côté de l'émetteur et du collecteur ont été démontrées par imagerie Kerr (Fig. 1.3.2 (b)). Cependant, la détection de l'accumulation de spin dans le collecteur n'a pas pu être mise en évidence du fait des longueurs de diffusion de spin l_{sf}^N dans le canal semi-conducteur trop faibles (environ 30 µm) par rapport aux dimensions de leur canal ($t_N = 300$ µm). Les mêmes expériences d'imagerie Kerr de l'accumulation de spin et de la polarisation induite sur les noyaux dans des structures latérales à partir d'un contact Schottky MnAs/n-GaAs en tension directe ont été effectuées par le groupe d'Awschalom [45].

En 2006, Lou *et al.* a réalisé une structure latérale similaire de type Fe/GaAs constituée de six contacts déposés sur un canal de GaAs de type n (voir Fig. 1.3.3 (a)) [46]. Les auteurs mesurent une variation de la tension à champ nul qui reflète l'augmentation de la résistance due à l'accumulation de spin. Cet effet est annulé sous l'application d'un champ magnétique transverse. Cette expérience permet donc une mesure locale d'injection et de détection de spin dans un semi-conducteur, elle constitue une structure de test du dispositif, mais ne permet pas la réalisation d'un transistor.

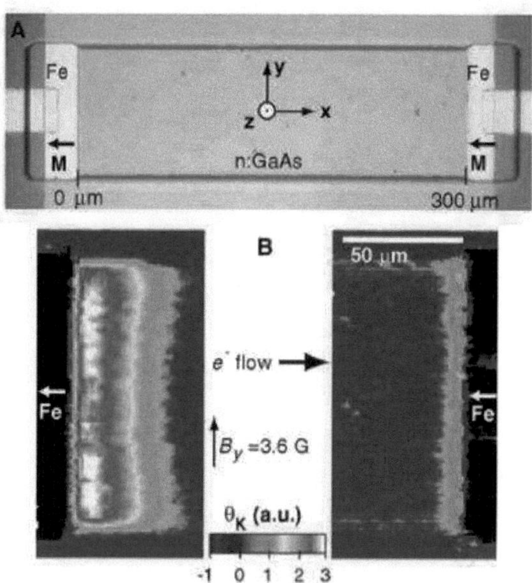

FIGURE 1.3.2 – Photomicrographie de la structure latérale Fe/GaAs utilisée pour l'injection, le transport, l'accumulation et la détection de spin. (b) Images de l'angle de rotation Kerr proche de l'émetteur et du collecteur avec $V_b = 0.4$ V , montrant l'accumulation de spin dans le semi-conducteur (T = 4 K). D'après Crooker *et al.* [5].

1.3.3 Transport par électrons chauds

Le fonctionnement des dispositifs utilisant le transport par électrons chauds est très différent de celui des dispositifs usuels de l'électronique de spin. Par électron chaud, on entend tout électron qui n'est pas en équilibre avec les électrons de conduction. Ces électrons possèdent une énergie cinétique supérieure à celle de Fermi. Le transport des électrons qui traversent la couche magnétique est alors ballistique et est caractérisé par un libre par-

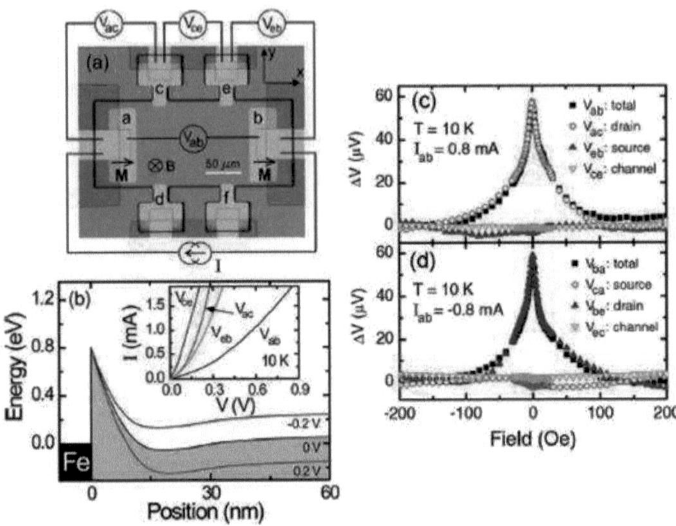

FIGURE 1.3.3 – (a) Photomicrographie de la structure latérale Fe/GaAs. (b) Diagramme de bande de l'interface Fe/GaAs sous différentes tensions appliquées. En insert, mesures $I(V)$ aux différents contacts avec I circulant de b vers a. (c) et (d) Dépendances en champ magnétique des tensions mesurées pour un courant de 0.8 mA de a vers b, et de b vers a, respectivement. D'après Lou *et al.* [46].

cours moyen inélastique qui dépend du spin. Le principe de fonctionnement consiste alors dans un premier temps à séparer les électrons en fonction de leur spin (via un libre parcours moyen inélastique dépendant du spin) et dans un second temps, à les sélectionner en énergie par une barrière de potentiel (comme la barrière de Schottky dans une jonction métal/SC).

Avec cette technique, il est possible d'injecter un courant polarisé (40%) d'un métal FM vers un SC [47, 6]. En injectant des électrons chauds depuis une source d'aluminium et en les polarisant via une électrode de cobalt-fer dans du silicium, Appelbaum *et al.* a détecté électriquement un courant polarisé en spin dans une électrode magnétique constituée de nickel-fer [6]. Ces dispositifs fonctionnent à température ambiante et présentent une très grande sélectivité en spin (une polarisation de l'ordre de 70%), mais la collection dans le SC reste limitée. Ces dispositifs à spin à électrons chauds ont l'avantage de s'affranchir des "contraintes" et notions introduites par le transport au niveau de Fermi, comme la longueur de diffusion de spin, ou l'accumulation de spin et par conséquent des problèmes liés à l'interface exposés plus haut.

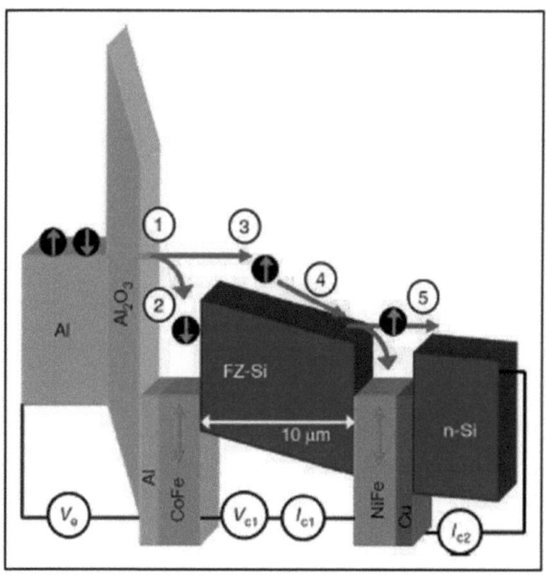

FIGURE 1.3.4 – Dispositif utilisé pour injecter et détecter électriquement des spins dans du silicium en utilisant des électrons chauds. D'après Appelbaum *et al.* [6].

1.3.4 Injection dans les semi-conducteurs du groupe IV

Récemment, l'équipe de Jonker *et al.* a démontré la possibilité de détecter un courant polarisé en spin dans une structure de type diode $p - i - n$ en silicium [4, 48]. Les spins sont injectés à partir une électrode métallique en fer. Un champ magnétique extérieur de l'ordre de 2.2 T est nécessaire pour saturer l'électrode hors-plan. La polarisation de la lumière émise varie de 1% à 2% à 5 K suivant le pic de luminescence considéré. Cependant, ce taux d'injection à travers la jonction Schottky est beaucoup plus faible que le taux d'injection obtenu avec la même structure possédant en plus une barrière tunnel en alumine [48]. Cette diminution provient d'états d'interface complexes et de réactions chimiques entre le fer et le silicium. Ces résultats démontrent encore une fois que la maîtrise des propriétés d'interface entre le métal ferromagnétique et le semi-conducteur est un pré-requis essentiel à la réalisation de dispositifs pour l'injection de spin.

Très recemment, des mesures de transport dépendant en spin ont été réalisées sur une structure Ni/Ge/n-AlGaAs(001) afin d'évaluer l'injection de spin à travers l'interface Ni/Ge [49]. Ces auteurs ont observé le transport dépendant en spin dans le Ge à température ambiante et ont démontré que le signal mesuré provient des électrons photoexcités qui ont traversé la barrière Schottky Ni/Ge par effet tunnel tout en conservant leur polarisation en spin [50].

Ces résultats ouvrent la voie pour l'injection d'un courant polarisé en spin dans les semi-conducteurs du groupe IV, semi-conducteurs de base de l'électronique traditionelle. Cependant, les quelques pourcents d'efficacité sont encore trop faibles pour considérer des applications.

1.4 Motivations et choix du système Mn$_5$Ge$_3$ /Ge

Jusqu'ici, cette introduction nous a permis de mettre en évidence les difficultés physiques de l'injection et de la détection d'un courant polarisé en spin dans les semi-conducteurs. Par ailleurs, les dernières avancées dans ce domaine ont été présentées. Dans un régime de transport diffusif, l'injection efficace d'un courant polarisé en spin d'un métal ferromagnétique dans un semi-conducteur ne peut se faire qu'à certaines conditions : les conductivités du métal FM et du SC doivent être proches ("conductivity matching") et la réactivité d'interface entre les deux matériaux doit être la plus faible possible. Par ailleurs, la polarisation en spin du métal FM doit être la plus élevée possible. Si ces conditions ne sont pas remplies, la polarisation en spin dans le SC restera très faible (inférieure à 1%). Par conséquent la maîtrise des propriétés d'interface entre le métal ferromagnétique et le semi-conducteur est indispensable pour la réalisation de dispositifs d'injection efficace d'un courant polarisé spin.

Jusqu'à présent, dans les semi-conducteurs du groupe IV comme le Si ou le Ge, aucun métal n'a rempli ces conditions, c'est pourquoi les résultats expérimentaux présentés précédemment restent limités. Puisque la plupart des dispositifs électroniques actuels opèrent dans un régime de transport diffusif, il est nécessaire de trouver un candidat viable agissant en tant que polariseur et injecteur de spin dans de tels dispositifs. Le choix d'un bon système métal FM/SC est alors primordial.

Nous allons donc exposer les raisons qui nous ont poussés à étudier le système Mn$_5$Ge$_3$/Ge et les moyens techniques utilisés pour réaliser ce système. Nous expliciterons la stratégie scientifique employée pour atteindre les objectifs de cette étude.

1.4.1 Choix du métal ferromagnétique : le Mn_5Ge_3

Les métaux ferromagnétiques possèdent de nombreux avantages pour des applications pratiques en tant qu'injecteur d'un courant polarisé en spin : ce sont une source d'électrons plutôt que de trous, ils peuvent posséder des température de Curie élevées, de faibles champs coercitifs, des temps de retournement rapides, et leur fabrication est très bien maîtrisée grâce à des dizaines d'années de recherche et de développement de l'industrie d'enregistrement magnétique. Par ailleurs, le procédé de métallisation est très courant dans les étapes de fabrication d'un semi-conducteur et par conséquent l'utilisation d'une métallisation ferromagnétique peut aisément être intégrée dans la filière de production.

Comme nous l'avons déjà souligné, l'efficacité d'injection dépend de la nature de l'interface mais aussi du taux de polarisation. Aussi, les matériaux possédant un caractère demi-métallique suscitent l'intérêt des chercheurs de part leur polarisation de 100% au niveau de Fermi. En effet, un demi-métal est un materiau dont la structure de bande resolue en spin contient une bande de conduction majoritaire qui coupe l'energie de Fermi et il existe un gap au niveau de Fermi dans la bande minoritaire. En d'autres termes, c'est un materiau magnétique métallique pour les spins up et semi-conducteur (magnetique) pour les spins down. De Groot *et al.* fut le premier à démontrer le fort potentiel des demi-métaux à $T = 0$ K [51]. Le but est donc de trouver un matériau demi-métallique ou se rapprochant d'un caractère demi-métallique ayant une température de Curie supérieure à l'ambiante. Le défi est double puisqu'il doit être élaboré en couche mince tout en conservant des propriétés magnétiques satisfaisantes et une température de Curie élevée.

Dans cette étude, la recherche d'un système fonctionnant à température ambiante a largement conditionné notre choix. Parmi la liste de matériaux ferromagnétiques à haute T_C, le choix s'est porté sur le composé Mn_5Ge_3 pour plusieurs raisons : tout d'abord, la possibilité d'épitaxier des couches minces de Mn_5Ge_3 directement sur $Ge(111)$ a été démontrée [11]. Ensuite, la formation de précipités composés de Mn_5Ge_3 est souvent observée lors de la croissance de DMS à base de Mn_xGe_{1-x} comportant une forte concentration de Mn et une température de Curie élevée. Cette phase est ferromagnétique jusqu'à température ambiante et présente un caractère demi-metallique. Ce composé n'est pas un demi-métal à proprement parler tels que les alliages NiMnSb ou CrO_2 (appelés également alliages Heusler), néanmoins un comportement demi-métallique très proche des alliages Heusler a été démontré expérimentalement et théoriquement [52, 53]. D'autres calculs théoriques et des mesures résolues en spin utilisant la technique Point-Contact Andreev Reflection (PCAR) ont montré que le Mn_5Ge_3 possède une polarisation en spin entre 43 et 54% [54], valeurs bien inférieures aux 100% de polarisation en spin des demi-métaux. Généralement, le degré de polarisation en spin mesuré expérimentalement est toujours bien inférieur à 100% [55, 56, 57]. En effet l'hybridation à l'interface, l'inter-diffusion, la présence de défauts d'empilements sont autant de paramètres à considérer et peuvent fortement modifier la structure électronique par rapport au matériau massif. La réalisation d'une polarisation totale en spin dans une couche mince d'alliage demi-métallique reste donc une tâche difficile et dépend fortement de la qualité de l'interface avec le semi-conducteur.

Par conséquent, avant même de se lancer dans la synthèse de structures de test d'injection de spin, il s'avère primordial de caractériser les interfaces, tant du point de vue structural que du point de vue magnétique et électronique. Les informations obtenues permettront alors de savoir si l'interface $Mn_5Ge_3/Ge(111)$ possède les qualités requises pour justifier son emploi dans des dispositifs pour l'électronique de spin.

Par ailleurs, dans les structures épitaxiées, le transport électronique n'est plus moyenné sur toutes les directions car l'orientation cristalline des matériaux joue un rôle important. Une anisotropie dans la polarisation en spin des états électroniques participant au courant tunnel a été mise en évidence dans le système $Fe/MgO/Fe$ [58, 59] : le transport des électrons est anisotrope dans un monocristal. Par conséquent il est nécessaire de caractériser la structure cristalline de nos couches minces et particulièrement de l'interface avec le Ge dans le but d'obtenir un transport électronique reproductible et compréhensible.

1.4.2 Enjeux de l'injection dans le Ge

L'injection et la détection de spin dans les semi-conducteurs du groupe IV (silicium, germanium) est un défi majeur qui a soulevé certaines difficultés importantes avec notamment un gap indirect

Un moyen simple de détection de la polarisation magnétique des porteurs de charge utilise la mesure du degré de polarisation circulaire de la lumière émise. Or, le gap des semi-conducteurs IV étant indirect, les processus radiatifs sont plus complexes, associés aux phonons. Par conséquents les rendements sont plus faibles et sujets à une plus forte dépolarisation. L'un des principaux obstacles qui a freiné les dispositifs pour l'électronique de spin basés sur Si ou Ge est la difficulté d'émission de lumière dans les semi-conducteur à gap indirect et la faible couplage spin-orbite.

La seconde difficulté majeure réside dans la formation d'alliages non magnétiques (principalement des siliciures ou des germaniures) à l'interface entre la métal FM et le SC.

Quoi qu'il en soit, les semi-conducteur Si-Ge présentent deux avantages majeurs par rapport aux semi-conducteur II-VI et aux III-V :

(i) ils sont compatibles avec les technologies actuelles de la micro-électronique

(ii) ils proposent des durées de vie de polarisation très intéressantes, notamment à cause du faible couplage spin-orbite (surtout dans le cas du Si) et de la présence de symétrie d'inversion [60].

Même si le Ge est bien moins utilisé que le Si en micro-électronique, il possède des mobilités des porteurs bien plus élevées que le Si. Par ailleurs, de nombreuses expériences montrent que c'est le Ge qui donne les meilleurs résultats : beaucoup de composés SiMn s'avèrent être antiferromagnétiques ou non ferromagnétiques (Mn_5Si_3, Mn_5Si_2 [61, 62]) quand leurs équivalents GeMn sont ferromagnétiques ou ferrimagnétiques (Mn_5Ge_3, Mn_5Ge_2 [63]).

Par ailleurs, des études théoriques sur la structure de bande induite par le dopage au Mn dans le germanium et le silicium et dans les alliages $Si_{1-x}Ge_x$ réalisées respectivement par Stroppa *et al.* [64] et par Picozzi *et al.* [65] indiquent qu'un environnement riche en germanium autour des atomes de Mn peut conduire à un comportement de demi-métal, ce qui n'est pas le cas avec un environnement riche en silicium. Ainsi, les résultats de ces travaux théoriques suggèrent que le Ge pourrait être un excellent candidat pour des applications en spintronique.

1.4.3   L'épitaxie : technique d'élaboration hors-équilibre

Dans le but de réaliser des dispositifs tels qu'une spin-LED ou un transistor à spin, la synthèse de films minces monocristallins est nécessaire. Pour cela, on peut exploiter des méthodes de croissance hors-équilibre telles que la croissance épitaxiale d'un matériau sur un autre matériau. La technique parfaitement adaptée à ce genre de problématique est l'épitaxie par jets moléculaires (MBE Molecular Beam Epitaxy). Cette technique détaillée au chapitre suivant permet la croissance de films, de métaux de transition comme d'oxydes, d'épaisseur nanométrique. L'environnement ultra-vide imposé est en général exploité en y insérant des instruments de caractérisation utilisant des particules (électrons ou photons) adaptés à l'étude des surfaces *in situ*. Un tel bâti offre la possibilité de produire des films minces de qualité. Par ailleurs, ce type de méthodes offre la possibilité d'empêcher le système d'atteindre son équilibre thermodynamique en se servant des barrières énergétiques entre un état métastable que l'on souhaite obtenir et l'état de plus basse énergie. Les procédés effectués à des températures relativement basses et à des vitesses de formation assez faibles permettent de minimiser l'inter-diffusion à l'interface et de contrôler parfaitement l'épaisseur du dépôt.

Par ailleurs, cette technique met en jeu un certain nombre de processus élémentaires lors de la croissance par épitaxie par jet moléculaire qui peuvent être contrôlés via des paramètres de croissance tels que le flux relatif de chaque espèce chimique, le flux absolu d'atomes, la température du substrat ou encore les propriétés du substrat. La maîtrise de ces différents paramètres permet de jouer sur la qualité du matériau, les processus de diffusion, de nucléation, ou encore de formation de défauts.

1.5 Conclusion

Les nanostructures magnétiques offrent aujourd'hui de nouvelles perspectives dans le domaine de l'électronique de spin. Dans cette approche où le spin de l'électron joue un rôle complémentaire à celui de la charge électrique, d'intensifs efforts ont été fournis dans le but de surmonter les limites de l'électronique conventionnelle. Par conséquent, la réalisation de dispositifs d'injection/détection de spin est un enjeu de taille qui pourrait permettre d'ajouter de nouvelles fonctionnalités aux dispositifs actuels basés sur la technologie des semi-conducteurs. Dans ce contexte, l'utilisation d'hétérostructures métal ferromagnétique/semi-conducteur constitue une méthode prometteuse pour la réalisation de dispositifs d'injection de spin. Cependant, pour obtenir une injection efficace du métal ferromagnétique dans le semi-conducteur à travers la barrière Schottky, il est nécessaire de bien contrôler l'interface et d'avoir des résistances comparables entre le métal ferromagnétique et le semi-conducteur.

La compatibilité avec les technologies de la micro-électronique classique et les propriétés physiques du couple Mn_5Ge_3/Ge en font un très bon candidat pour de futures applications en spintronique. Pour réaliser de telles structures, les techniques d'élaboration hors-équilibre sont parfaitement adaptées pour contrôler au mieux la croissance d'un film épitaxié ; l'épitaxie par jets moléculaires s'impose donc comme une technique incontournable. Par ailleurs, l'étude de la qualité cristalline et des relations d'épitaxie du système Mn_5Ge_3/Ge, nécessaire pour déterminer les propriétés d'interface, rend indispensable l'utilisation de techniques de caractérisations structurales à l'échelle nanométrique (RHEED, HR-TEM). Quant aux propriétés magnétiques, elles seront également déterminées en détail à l'aide de mesures d'aimantation (par magnétométries SQUID ou VSM). L'étude de ces techniques permettant l'élaboration et la caractérisation du système Mn_5Ge_3/Ge sera l'objet du prochain chapitre.

Chapitre 2

Techniques expérimentales

Dans ce chapitre, nous allons tout d'abord décrire la technique d'épitaxie par jets moléculaires (MBE) utilisée au CINaM pour l'élaboration des couches minces de Mn_5Ge_3 sur Ge étudiées dans cette thèse. Cette technique d'élaboration permet l'empilement de couches de différents matériaux de très faibles épaisseurs, avec une continuité de la structure cristalline. Nous allons ensuite présenté la technique RHEED (Reflection High Energy Electron Diffraction) qui permet de suivre en temps réel la croissance de nos couches in situ. On s'intéressera ensuite aux techniques de caractérisation structurale et chimique utilisant un faisceau d'électrons comme la microscopie électronique en transmission (TEM) et la spectroscopie des électrons Auger (AES). Enfin, on étudiera le principe de fonctionnement des magnétomètres SQUID et VSM qui nous ont permis de réaliser toutes les mesures magnétiques présentées dans ce manuscrit.

2.1 La croissance de nanostructures par la technique d'épitaxie par jets moléculaires

2.1.1 Principe de l'épitaxie par jets moléculaires

La technique d'épitaxie par jets moléculaires, encore appelée Molecular Beam Epitaxy (MBE), consiste à faire interagir dans une enceinte sous ultra-vide (typiquement 10^{-10} à 10^{-11} Torr) un flux atomique ou moléculaire avec un substrat monocristallin. Cette interaction donne lieu à l'adsorption des atomes/molécules sur la surface. L'organisation des atomes adsorbés à la surface se fait de manière ordonnée et produit un arrangement cristallin. Les échantillons préparés constituent ainsi des outils précieux permettant une comparaison entre théorie et expérience. Le dépôt par épitaxie s'effectue d'une manière contrôlée à la surface du substrat monocristallin, permettant aux atomes ou molécules de s'organiser suivant la cristallographie du substrat. Il faut néanmoins que les paramètres de maille du substrat et ceux du film à faire croître s'accordent. Dans le cas où cette condition est vérifiée, la vitesse lente du dépôt (typiquement quelques monocouches par seconde MC/s) permet de laisser le temps aux atomes incidents de migrer à la surface du cristal avant d'être adsorbés sur des sites préférentiels. La composition du film déposé dépend de la température du substrat et des flux relatifs des espèces déposées, c'est-à-dire du taux d'évaporation des cellules d'effusion. Ces flux sont orientés vers le substrat monocristallin, préalablement préparé et porté à une température permettant aux atomes de se déplacer en surface. Il est aussi possible d'interrompre instantanément le flux d'un élément et de contrôler ainsi des changements de composition ou de dopage sur des échelles atomiques. La croissance par MBE s'effectue hors-équilibre thermodynamique. Elle est gouvernée principalement par la cinétique des processus de croissance entre les couches atomiques superficielles du substrat et les atomes du flux incident. Par ailleurs, la vitesse de croissance est contrôlée par les flux d'éléments et permet ainsi de réaliser des dépôts avec une précision des épaisseurs, des compositions et des dopages.

Un des atouts de la MBE est qu'elle permet la mise en œuvre de techniques de caractérisation *in situ* nécessitant des conditions d'ultra-vide. Dans notre cas, les techniques de caractérisation de surface et de composition présentes dans la MBE sont la diffraction d'électrons de haute énergie en incidence rasante (RHEED) et la spectroscopie des électrons Auger.

2.1.2 Description du bâti d'épitaxie par jets moléculaires

2.1.2.1 Le bâti de croissance et ses modules

Les échantillons présentés dans ce manuscrit ont tous été réalisés dans un bâti MBE sous ultra-vide MECA 2000 présenté sur la figure ??. Ce bâti est connecté via un module ultra-vide appelé Mécatrans à une chambre de dépôt chimique en phase vapeur (appelé CVD : Chemical Vapour Deposition) également sous ultra-vide. Le module Mécatrans est connecté à un sas d'introduction. Une pompe ionique assure un vide résiduel de l'ordre 10^{-10} Torr dans la chambre d'épitaxie. L'introduction des échantillons dans la chambre se fait après passage successif dans un sas pompé à 10^{-8} Torr par une pompe turbo-moléculaire, puis dans un module de transfert où la pression est de 10^{-9} Torr.

La pression dans toute la ligne de modules de transfert, de l'ordre de 5×10^{-9} Torr est assuré par des pompes ioniques. Il est ainsi possible de

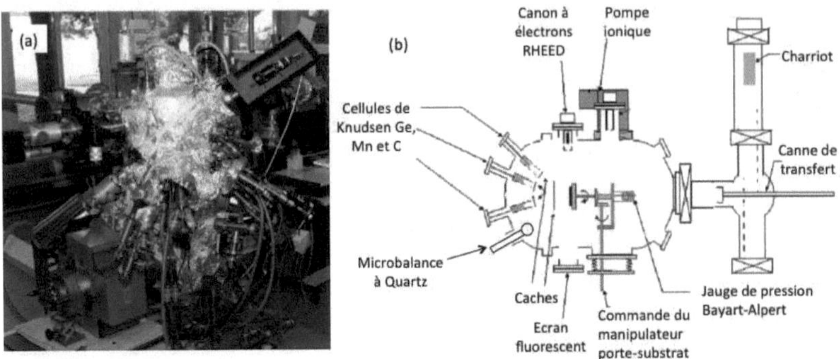

FIGURE 2.1.1 – (a) Système ultra-vide de croissance par MBE utilisé pour la réalisation des couches minces de Mn$_5$Ge$_3$. (b) Schéma de la chambre de dépôt par MBE, en vue de dessus.

réaliser une introduction d'échantillon relativement rapidement, tout en conservant dans la chambre de dépôt un excellent état de vide. La chambre d'épitaxie est équipée d'un manipulateur qui permet de positionner l'échantillon soit face aux sources de flux atomiques afin de réaliser la croissance soit face au canon à électrons pour réaliser la spectroscopie Auger. Le manipulateur permet également de faire tourner l'échantillon lors du dépôt, permettant ainsi une meilleure homogénéisation du dépôt et est équipé d'un four, qui par radiation peut chauffer l'échantillon lors du dépôt ou du nettoyage thermique *in situ* jusqu'à une température de 1100 °C.

2.1.2.2 Les cellules de sublimation

Pour l'évaporation de Ge et Mn nous avons utilisé des cellules Knudsen. Ces cellules sont constituées d'un creuset en nitrure de bore pyrolitique (pBN) de forme allongée, au fond duquel se trouve la charge solide de grande pureté (typiquement 6N) de matériau à évaporer. Un filament permet le chauffage du creuset et un thermocouple en contact avec le creuset permet le contrôle de la température de la charge. L'évaporation des matériaux est contrôlée par la température des cellules et l'ouverture des caches permet d'exposer ou non le substrat aux flux des cellules. Pour la cellule de Ge, on dispose d'une cellule "deux zones" constituée de deux filaments situés en bas et en haut du creuset de sorte à surchauffer la partie haute du creuset pour éviter la recondensation de la vapeur de germanium. La géométrie particulière des cellules de Knudsen permet l'établissement d'un équilibre solide-vapeur du matériau à évaporer (ou liquide-vapeur si l'on est au-dessus du point de fusion). Le fait que l'on puisse considérer être à l'équilibre thermodynamique dans la cellule nous permet de relier de façon simple la pression partielle du matériau à évaporer (égale à la pression de vapeur saturante au niveau du creuset) avec la température de la charge. La relation de Knudsen (provenant de la théorie cinétique des gaz parfaits) exprime ϕ le flux de particules (par unité de surface et de temps) en fonction de la pression partielle P dans l'enceinte, de la masse m d'un atome et de la température T :

$$\phi = \frac{P}{\sqrt{2\pi m k_B T}}$$

L'intérêt de connaître cette relation réside dans le fait que le flux incident sur l'échantillon est strictement proportionnel à la pression partielle dans la cellule et donc à la pression de vapeur saturante. Le rapport entre les deux est uniquement fonction de la géométrie de la cellule et de la chambre d'épitaxie.

2.1.3 Mécanismes de croissance

Lors de la croissance, les éléments moléculaires ou atomiques arrivant sur le substrat forment une phase gazeuse proche de la surface. La croissance épitaxiale a lieu au niveau de la surface du substrat et fait intervenir plusieurs processus dont les plus importants sont présentés schématiquement à la figure 2.1.2 :

— l'adsorption des atomes ou molécules atteignant la surface du substrat (processus en deux phases : physisorption et chimisorption) [66] ;

— la diffusion des atomes sur la surface ou l'interdiffusion qui dépend généralement de la vitesse de dépôt, de l'énergie de surface et de la température du substrat [67] ;

— l'incorporation des atomes sur des sites cristallins énergétiquement favorables que sont les lacunes, les bords de marche, ou la nucléation d'îlots avec d'autres atomes présents à la surface du substrat ou de la couche déjà épitaxiée, ou encore l'agrégation d'atomes arrivant à la surface ;

— la désorption thermique des espèces non incorporées dans le réseau cristallin (passage adatomes/vapeur).

Les trois principaux modes de croissance cristalline sur une surface monocristalline sont représentés schématiquement sur la figure 2.1.2. Le mode Volmer-Weber, correspondant à une croissance en îlots, est observé dans de nombreux systèmes de type métal sur isolant [68]. Dans ce cas, les atomes déposés sont plus fortement liés entre eux qu'avec le substrat. Le mode Frank-van der Merwe est un mode de croissance couche par couche [69]. L'énergie des atomes déposés est minimisée lorsque le substrat est entière-

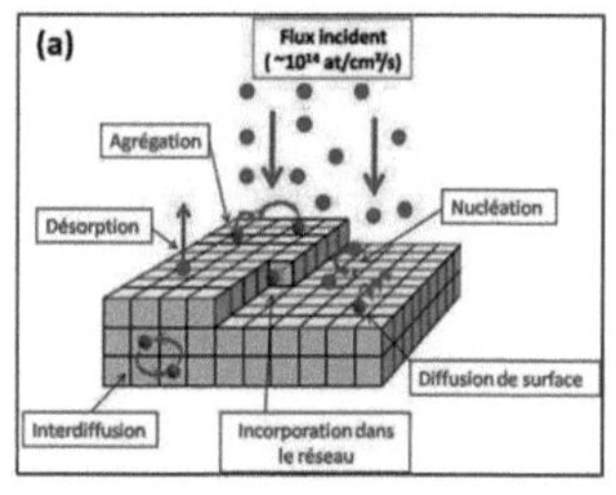
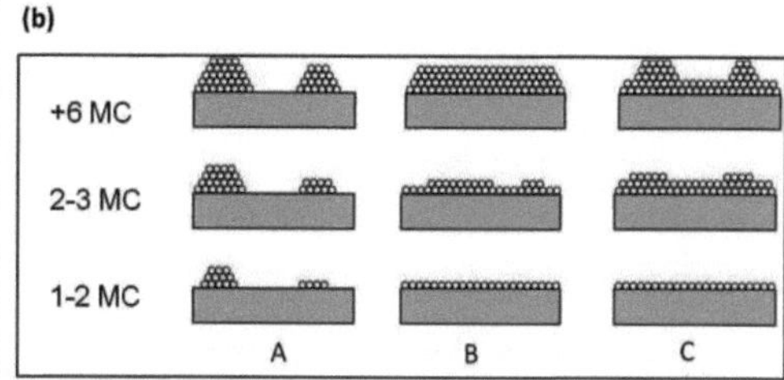

FIGURE 2.1.2 – (a) Illustration schématique des différents processus intervenant lors de la croissance épitaxiale par MBE. (b) Classification des différents modes de croissance : (A) Croissance 3D par formation d'îlots (Volmer-Weber) [68]. (B) Croissance 2D couche par couche (Frank-van der Merwe) [69]. (C) Croissance 2D puis 3D (Stranski-Krastanov) [70].

ment couvert. Ce mode de croissance bidimensionnelle permet d'obtenir des interfaces abruptes entre deux matériaux de composition différente, sous réserve qu'aucun phénomène d'interdiffusion des espèces n'intervienne. Le dernier mode de croissance, dit de Stranski-Krastanov (SK) [70], est un mode intermédiaire qui apparaît le plus souvent dans le cas d'une croissance hétéroépitaxiale. Par exemple, dans le cas de la croissance de Ge sur Si, un faible désaccord de paramètre de maille entre le matériau épitaxié et le substrat induit une contrainte dans la couche déposée épitaxiée. La croissance est d'abord bidimensionnelle et se fait couche par couche, entraînant une augmentation de cette contrainte. Puis, au dessus d'une épaisseur critique, une relaxation élastique entraîne la formation d'îlots 3D au dépens du matériau déjà déposé.

2.1.4 Préparation des substrats de Ge

Les couches minces de Mn_5Ge_3 sont élaborées par MBE sur des substrats commerciaux de Ge(111) type n ayant une résistivité de 10 Ω.cm. Avant de commencer le dépôt, la préparation de la surface de Ge est indispensable puisqu'elle va déterminer la qualité de l'interface entre le Mn_5Ge_3 et le Ge et donc les propriétés structurales, magnétiques et électriques de nos structures. Cette préparation est composée d'un nettoyage chimique *ex situ* et d'un nettoyage thermique *in situ*.

Le nettoyage chimique des substrats de Ge comprend une première étape à effectuer dans un bain d'ultrasons avec un rinçage à l'eau désionisée (EDI) entre chaque solution :

— 5 min dans une solution de trichloréthylène;
— 5 min dans une solution d'acétone;
— 5 min dans une solution d'alcool.

Ce nettoyage a pour but de supprimer la plupart des contaminations organiques présentes en surface lors du stockage des substrats. Ensuite, afin de supprimer la couche d'oxyde native GeO sur la surface de Ge, on trempe les substrats dans une solution à 50% d'HF (acide fluorhydrique) pendant 1 à 2 min suivi d'un rinçage à l'EDI. La surface obtenue doit être hydrophobe. Après un séchage à l'azote, les substrats de Ge sont collés à l'indium sur des molyblocks puis introduits dans le bâti de MBE. Le nettoyage thermique *in situ* va ensuite permettre la désorption des contaminations restantes ainsi que de l'oxyde. Il est réalisé par chauffage du substrat à des températures de 300-400°C pendant quelques heures suivi de flashs thermiques allant jusqu'à 700°C. Cette température de flash thermique est supérieure à la température utilisée pendant la croissance de la couche mince de Mn_5Ge_3 (450°C) afin d'éviter toute désorption d'espèces provenant du molyblock ou du four de recuit. Le substrat ainsi préparé n'est plus exposé à l'air jusqu'à la fin du dépôt. La technique RHEED va ensuite nous permettre de vérifier l'état de surface avant de commencer le dépôt de Mn.

2.2 Caractérisations *in situ*

Lors de la croissance des couches de Mn_5Ge_3, nous avons fait appel à deux techniques d'analyse *in situ* pour obtenir des informations (structure, composition, mode de croissance) sur la surface. Deux techniques sont particulièrement dédiées à l'étude de surface : la diffraction des électrons de haute énergie en incidence rasante (RHEED) et la spectroscopie d'électrons Auger (AES). En effet, les électrons qui sont utilisés comme sonde de surface dans ces techniques interagissent fortement avec les premières couches atomiques de l'échantillon, ce qui nous permet de contrôler et de maîtriser la croissance et la formation du Mn_5Ge_3.

2.2.1 Diffraction des électrons de haute énergie en incidence rasante (RHEED)

La technique de caractérisation par diffraction d'électrons de haute énergie en incidence rasante (ou RHEED pour Reflexion High Energy Electron Diffraction) s'est clairement imposée comme l'outil de caractérisation indissociable de l'épitaxie par jets moléculaires. En effet, cette technique *in situ* permet de caractériser des échantillons sans en interrompre la croissance. De plus, elle donne accès à des informations précieuses telles que la structure, la qualité cristalline, le paramètre de maille, la vitesse de dépôt, et l'état de surface. Cette méthode d'étude de surface s'est donc imposée par sa simplicité de mise en œuvre et sa compatibilité avec les conditions d'ultra-vide.

2.2.1.1 Principe du RHEED

Le système RHEED est constitué d'un canon à électrons produisant un faisceau d'électrons monocinétiques de haute énergie (de 10 à 40 keV en général, 30 keV dans notre cas) dirigé sur l'échantillon sous incidence rasante (typiquement de 1 à 3°). La longueur d'onde associée aux électrons est de l'ordre du dixième d'Angström et leur libre parcours moyen est de plusieurs dizaines de plans atomiques. Travailler en incidence rasante permet alors de ne sonder que les premiers plans atomiques (pour un angle d'incidence de 1°, la profondeur de pénétration des électrons est de l'ordre de la longueur inter-plans atomiques). Enfin, la détection s'effectue sur un écran qui fluoresce lorsqu'il reçoit des électrons. L'information apparaît alors sous la forme d'un diagramme de diffraction. Théoriquement, un diagramme RHEED correspond à la projection sur le plan de l'écran de l'image de l'intersection du réseau réciproque de la surface et de la sphère d'Ewald de rayon $\frac{2\pi}{\lambda}$, i.e. à la diffraction en surface des électrons selon la loi de Bragg :

$$2d_{hkl}\sin\theta = n\lambda \qquad (2.2.1)$$

avec d_{hkl} la distance interréticulaire, n ordre de diffraction, θ angle de diffraction de Bragg et λ la longueur de de Broglie. Cette loi de Bragg traduit la conservation de la quantité de mouvement des électrons, i.e. de leur vecteur d'onde. Par ailleurs, le rayon de la sphère d'Ewald étant très grand devant la séparation des nœuds du réseau réciproque, cette dernière peut être considérée comme un plan. La figure de diffraction présentera donc des tiges perpendiculaires à la surface de l'échantillon, dont la séparation à la surface de l'écran fluorescent est représentative de la distance entre les rangées atomiques perpendiculaires à la surface au faisceau d'électrons. La figure 2.2.1 schématise le principe de la construction d'Ewald pour un diagramme RHEED.

Seuls les électrons qui interagissent avec la surface subissent des chocs élastiques. Ils sont à l'origine du diagramme de diffraction. De plus, la diffusion inélastique des autres électrons transforme le faisceau incident et constitue une source ponctuelle dans l'échantillon qui sont à l'origine des lignes supplémentaires : les lignes de Kikuchi, caractéristiques d'un matériau bien cristallisé.

Le RHEED fournit des informations sur la rugosité du front de croissance à une échelle de $0.1 - 2$ nm. Il peut ainsi signaler une transition d'un mode 2D à 3D des couches induites par une relaxation élastiques des contraintes due à une température de croissance trop élevée, ou à un flux insuffisant.

- RHEED 2D : le front de croissance est 2D ou quasi 2D : le diagramme consiste en un réseau de tiges parallèles résultant de la diffraction en réflexion (fig. 2.2.2 (a)).

- RHEED 2D-3D : le front de croissance est rugueux : le diagramme est constitué de taches le long des tiges principales (fig. 2.2.2 (b)).

- RHEED 3D : le front de croissance est 3D : le diagramme est composé d'un réseau de taches qui résulte d'une diffraction par transmission à travers les aspérités de surface.

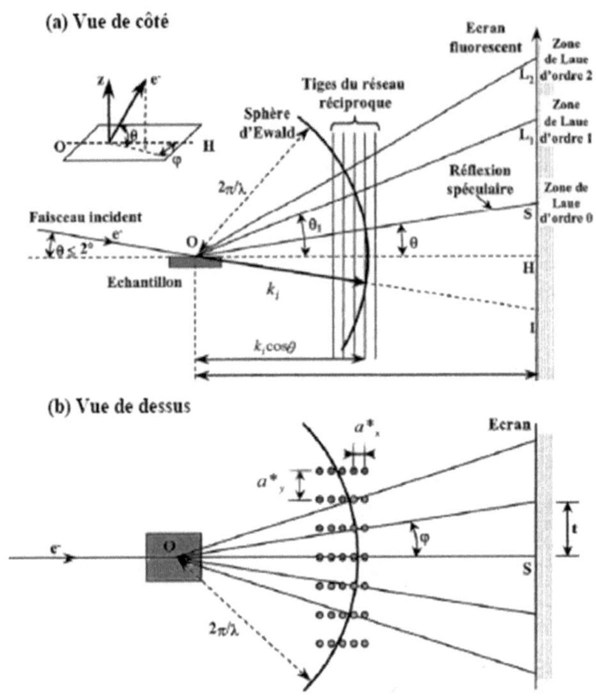

FIGURE 2.2.1 – Construction d'Ewald pour un diagramme de RHEED.

L'autre information fournie par la diffraction RHEED concerne les reconstructions de surface. La rupture de la structure cristalline en surface entraîne la présence de liaisons "pendantes", non impliquées dans des liaisons covalentes. Elles tentent donc de s'apparier entre elles pour minimiser l'énergie de la surface et en assurer la neutralité électrique, conduisant à des motifs périodiques. Sur la surface Ge(111), il y a formation de dimères qui s'alignent respectivement selon [1-10] ou [11-2] et qui s'organisent périodiquement sur cette surface. Ces reconstructions induisent des tiges de

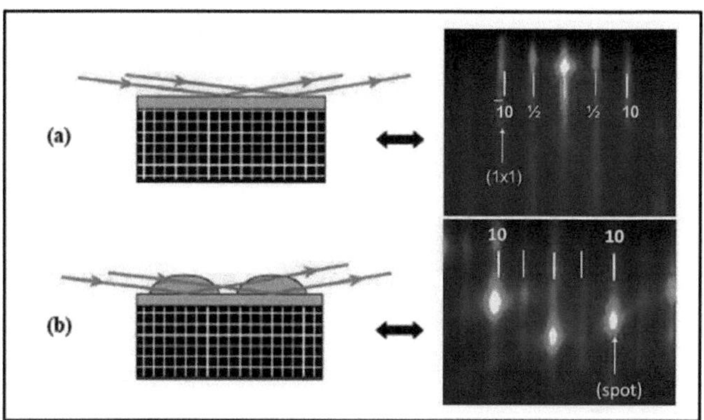

FIGURE 2.2.2 – La transition entre (a) une surface bidimensionnelle et (b) une surface rugueuse peut être instantanément observée sur le diagramme de RHEED lors de la croissance de Ge sur Ge (homo-épitaxie) à $T = 400°C$. Le cliché a été pris suivant la direction [1-10] avec une énergie de faisceau de 30 keV.

diffraction dites d'ordre inférieur, visibles par exemple sur la figure 2.2.2 (a). Une surface reconstruite $(n \times m)$ possède une maille de surface $(n \times m)$ fois plus grande que la maille de volume selon [1-10] et [11-2], la reconstruction c$(n \times m)$ étant centrée sur la maille élémentaire.

Le paramètre de maille a dans le plan des couches est une troisième information directement accessible sur les diagrammes RHEED. Il est défini par :

$$a = \frac{d\lambda}{\varepsilon}$$

avec d distance échantillon-écran, λ longueur d'onde de De Broglie des électrons et ε l'écart entre les tiges.

Enfin, la méthode des oscillations RHEED est un excellent outil pour mesurer la vitesse de dépôt d'un matériau monocristallin. Elle consiste à étudier les variations d'intensité de la tache spéculaire, réflexion directe du faisceau d'électrons sur la surface. Cette méthode sera décrite plus en détails au paragraphe 2.2.1.3.

2.2.1.2 Contrôle et préparation de surface

Dans notre cas, la technique RHEED permet de contrôler la surface du Ge avant, pendant et après la croissance de la couche de Mn_5Ge_3. Avant de commencer le dépôt, il est nécessaire d'avoir une surface la plus propre possible. Pour ces raisons, la procédure d'élaboration des échantillons de $Mn_5Ge_3/Ge(111)$ étudiés dans ce travail est toujours précédée d'une étape de préparation de la surface de Ge, indispensable pour obtenir une surface de Ge propre. Après avoir réalisée les nettoyages chimique et thermique décrits dans la partie 2.1.4, la reconstruction de surface (2×1) du Ge apparaît dès la fin de la désorption complète de l'oxyde natif vers une température de 600°C. Cette reconstruction de surface traduit une surstructure de l'arrangement périodique des premières monocouches d'atomes de germanium. Ces atomes de surface, du fait de leur liaisons pendantes, s'apparient, de telle sorte que dans l'une des directions $<110>$ la période du réseau de surface est double. Dans l'espace réciproque, cette reconstruction se traduit par l'apparition de tiges d'ordre $\frac{1}{2}$ sur le cliché RHEED. Cependant, afin d'améliorer l'état de surface de Ge avant l'élaboration de couches de Mn_5Ge_3, la croissance d'une couche tampon de Ge est nécessaire : elle permet notamment d'enterrer les impuretés résiduelles qui n'auraient pas pu être désorbées pendant le dégazage et de s'assurer d'une surface de départ parfaitement lisse.

La croissance d'une couche tampon de Ge de bonne qualité s'effectue en

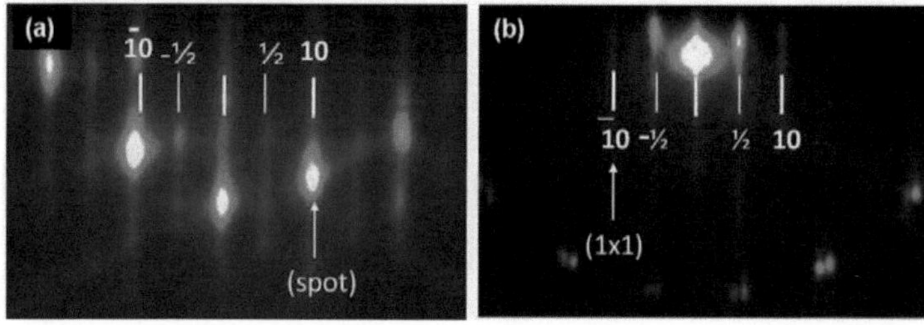

FIGURE 2.2.3 – Clichés RHEED de la surface de Ge(111) suivant la direction [1-10] après quelques secondes de dépôt de Ge (a) et après un recuit thermique à 650°C (b). La surface passe d'un état rugueux (3D) à lisse grâce au recuit thermique qui permet un réarrangement des atomes de surface.

deux étapes : on dépose d'abord une couche d'environ 30 nm de Ge à une température du substrat de 450°C. La surface devient alors rapidement 3D, comme l'indiquent les clichés RHEED sur la figure 2.2.3 (a). La deuxième étape consiste alors à effectuer un recuit thermique à 650°C pendant 10 min afin d'aplanir la surface de Ge.

En effet, l'obtention d'une surface de Ge aussi plane que possible avant tout dépôt dépend fortement de la diffusion de surface. Ce mécanisme est gouverné par la barrière énergétique de Schwoebel [71]. Il s'agit du potentiel de bord de marche vu par un atome sur une terrasse et l'empêchant de descendre sur la terrasse inférieure. La simulation de ce mécanisme a montré qu'il était responsable d'une croissance 3D du matériau. Peu après, Thürmer *et al.* ont confirmé expérimentalement et ont démontré qu'une température élevée en cours de dépôt ou un recuit donne lieu à une agitation thermique suffisante pour dépasser la barrière de Schwoebel ce qui entraîne la formation de larges terrasses atomiques planes sur plusieurs centaines de nm [72].

Après ce recuit thermique, les tiges deviennent très fines (figure 2.2.3

(b)) traduisant une surface bidimensionnelle et reconstruite (2×1), présentant des terrasses larges devant la longueur de cohérence du faisceau d'électrons du RHEED. Le processus d'activation thermique assure ainsi la mobilité et le réarrangement des atomes en surface afin de lisser la surface. C'est cette surface de référence qui servira de départ à la croissance de couches de Mn_5Ge_3 sur Ge(111).

2.2.1.3 Oscillations d'intensité RHEED : calibration des sources

La méthode des oscillations RHEED permet de calibrer les flux des espèces que l'on envoie sur le substrat lors d'une croissance couche par couche [73, 74]. En suivant l'intensité de la tache de réflexion spéculaire, on observe des oscillations d'intensité périodiques correspondant en principe au dépôt d'une monocouche moléculaire [75].

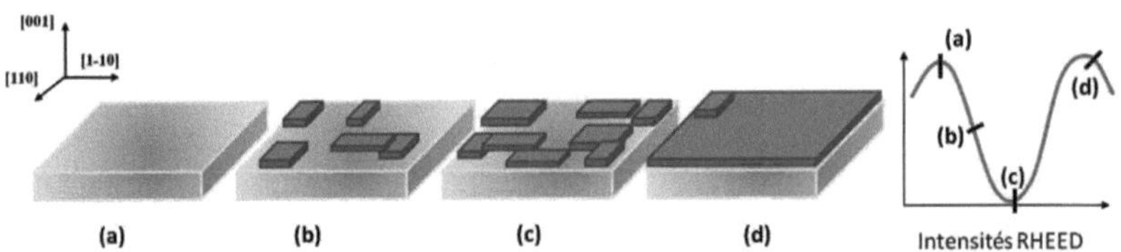

FIGURE 2.2.4 – Principe des oscillations RHEED. Le comportement oscillatoire de l'intensité de la tache spéculaire indique le taux de couverture et de croissance de la monocouche en formation.

Pendant la croissance couche par couche, la morphologie change d'une manière périodique du fait de la nucléation et de la coalescence des agrégats [76]. La variation de rugosité de la surface du cristal en cours de croissance entraîne une variation de l'intensité diffractée de la tache spéculaire. Une surface lisse diffractera une intensité maximale, et inversement, une surface à moitié pleine (0.5 MC) diffractera une intensité minimale comme le montre la figure 2.2.4.

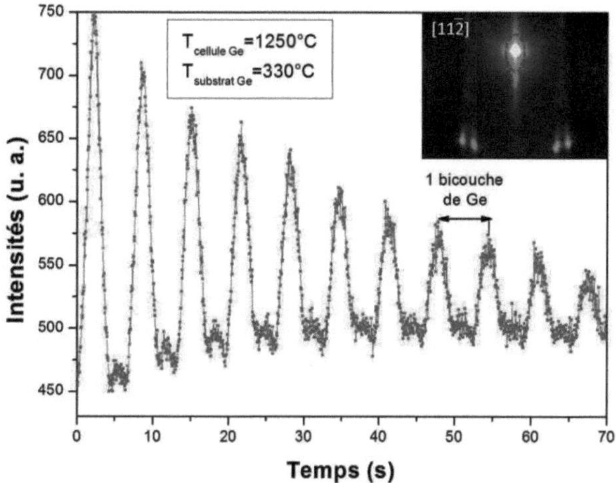

FIGURE 2.2.5 – Exemple d'oscillations de l'intensité RHEED obtenues lors d'un dépôt de Ge à la température du substrat de 330°C.

Dans notre cas, seul le flux de la cellule de Ge a été calibré par cette technique, le Mn déposé sur un substrat de Ge n'ayant pas un mode de croissance couche par couche. Pour un substrat Ge(111), une période correspond à la croissance d'une bicouche de Ge [77], ces bicouches sont séparées par une distance de 3.27 Å, ce qui correspond à $a/\sqrt{3}$ où $a = 5.65$ Å est le paramètre de maille de Ge. Le dépôt de Ge a été réalisé dans une large gamme de température du substrat (de 200 à 450°C) afin de déterminer la température correspondant à un régime de croissance couche par couche et entraînant l'obtention des périodes régulières avec un faible amortissement. La figure 2.2.5 présente les résultats des mesures effectuées à une température de substrat de 330°C. À cette température, un faible amortissement est observé sur la tache principale, permettant ainsi une calibration assez précise du flux de Ge.

2.2.2 Spectroscopie des électrons Auger (AES)

2.2.2.1 Principe de la spectroscopie des électrons Auger

La spectroscopie des électrons Auger (AES : "Auger electron spectroscopy") est une technique courante d'analyse physico-chimique de surface. Son principe est le suivant : lorsqu'un électron a été éjecté d'un niveau de cœur sous l'effet de l'interaction avec un faisceau d'électrons primaires, l'atome partiellement ionisé est dans un état excité. Cet atome peut alors se désexciter suivant deux processus concurrentiels : l'émission de rayons X (transition radiative) [78] et l'émission d'électrons Auger (transition non radiative) [79]. Ces deux processus sont schématisés en figure 2.2.6. Pour des éléments de faible numéro atomique, la transition Auger est le processus de désexcitation prédominant. Le cortège électronique de l'atome ionisé se réarrange de telle sorte que le trou initial est comblé par un électron provenant d'un niveau énergétique supérieur. L'énergie libérée lors de cette transition est réabsorbée par un autre électron de la même couche ou d'une couche différente. Ce troisième électron, appelé électron Auger est alors éjecté dans le vide avec une énergie cinétique bien définie, caractéristique de l'atome où le processus s'est produit.

Considérons une transition $KL_1L_{2,3}$ dans un atome de numéro atomique Z où les niveaux K, L_1 et $L_{2,3}$ sont respectivement caractérisés par les énergies de liaison des électrons E_K, E_{L_1} et $E_{L_{2,3}}$ par rapport au niveau du vide. L'énergie cinétique E_C de l'électron Auger est donnée par :

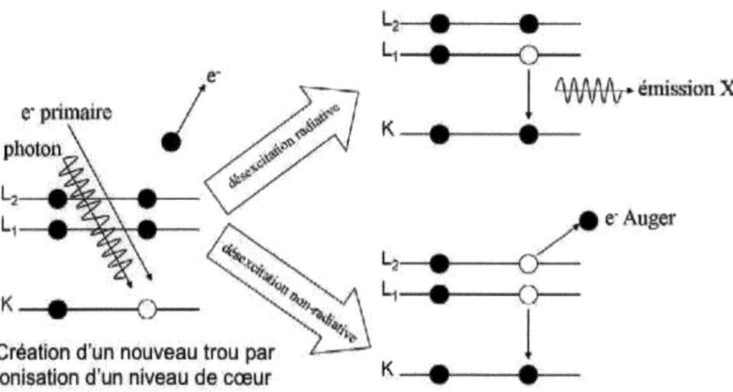

FIGURE 2.2.6 – Modes de désexcitation radiatif et non radiatif d'une lacune électronique de cœur.

$$E_C = E_K - E_{L1} - E_{L2,3} - \Phi$$

où Φ représente le travail de sortie. Les transitions électroniques associées à un élément chimique étant caractéristiques de l'élément, l'analyse de la distribution en énergie des électrons émis permet de déterminer la composition chimique de surface. Par ailleurs, quand l'effet Auger se produit dans un atome appartenant à un solide, l'énergie des électrons Auger peut dépendre de la structure électronique de celui-ci ; la désexcitation peut par exemple se produire via un électron de la bande de valence, qui transfère une partie de son énergie à un autre électron de la bande de valence, situé à une autre énergie dans celle-ci. Le signal Auger est aussi caractéristique de l'environnement chimique de l'atome mis en jeu, mais la résolution des analyseurs utilisés en AES limite parfois l'information sur l'environnement chimique de l'atome. Néanmoins, la forme et le déplacement des pics Auger, surtout quand les niveaux de valence participent au processus, peuvent révéler des effets de structure ou d'environnement. Ainsi, l'AES s'applique parfaitement aux études d'adsorption/désorption, de réactions superficielles, de nucléation et de croissance, et de ségrégation. Dans nos expériences, la vérification de la propreté d'une surface a également été effectuée par AES. C'est une méthode assez sensible car les contaminants de surface peuvent être détectés à des teneurs de l'ordre de la centième de monocouche.

D'autre part, dans des études de dépôts superficiels (ce qui est notre cas), à quantité déposée donnée, l'amplitude du signal AES, dépend de la morphologie du dépôt. En effet, la profondeur d'échappement des électrons Auger étant faible, le signal AES correspondant à l'espèce déposée sera beaucoup plus élevé si cette dernière mouille le substrat (mode de croissance de type Frank-Van der Merwe) que si elle se rassemble en îlots en occupant une fraction négligeable de la surface (mode de croissance de type Volmer-Weber). Nous verrons par la suite que cette information supplémentaire nous permettra de déterminer le mode de croissance du Mn à température ambiante sur un substrat de Ge.

2.2.2.2 Description du dispositif AES

Le dispositif utilisé dans notre chambre d'épitaxie est constitué de trois éléments principaux :

- le canon à électrons qui émet des électrons dits primaires ayant une énergie que l'on fixe (entre 2000 et 3000 eV). Ces électrons vont permettre d'ioniser les atomes à la surface de l'échantillon et ainsi d'arracher des électrons des niveaux de cœur.

- l'analyseur à miroirs cylindriques (CMA) qui est constitué de deux cylindres concentriques entre lesquels est appliquée une différence de potentiel V (Fig. 2.2.7). Seuls les électrons réémis suivant un angle de 42.1° et ayant l'énergie E fixée seront à même de passer au travers de ce filtre, avant d'être focalisés sur la fenêtre d'entrée.

- le multiplicateur d'électrons de type channeltron qui permet de focaliser les électrons ayant passé au travers du CMA et d'amplifier le signal.

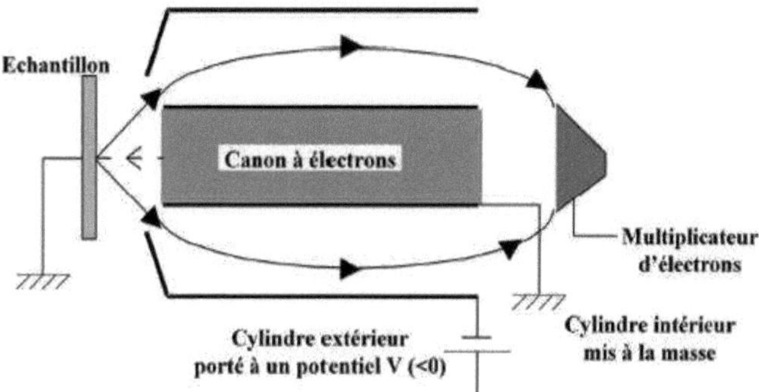

FIGURE 2.2.7 – Schéma de l'analyseur à miroirs cylindriques.

2.2.2.3 Modes d'acquisition des spectres Auger

Par ailleurs, deux modes d'acquisition des spectres Auger sont possibles :

- le mode comptage. La bande passante en énergie du CMA est alors fixée par application d'une tension continue. Le courant récupéré sur le multiplicateur d'électrons est proportionnel à $E.N(E)$, où $N(E)$ représente donc la distribution en énergie des électrons secondaires récoltés.

- le mode analogique. Dans ce cas, une faible tension sinusoïdale est superposée à la tension du cylindre extérieur du CMA. Le courant récupéré en sortie du multiplicateur d'électrons est alors envoyé dans un amplificateur à détection synchrone. Le signal mesuré est alors proportionnel à $d(E.N(E))/dE$.

2.3 Caractérisations *ex situ*

La microscopie électronique en transmission (Transmission Electronic Microscopy TEM) est une technique très performante permettant de caractériser non seulement la structure locale des couches minces épitaxiées mais aussi d'en étudier les défauts cristallins, la qualité de l'interface et les relations d'épitaxie. Après une brève description du microscope électronique en transmission, nous expliquerons la diffraction électronique ainsi que les techniques d'obtention d'images à haute résolution nécessitant la maîtrise de la préparation des lames minces.

2.3.1 Microscopie électronique en transmission

2.3.1.1 Principe de fonctionnement

Le microscope électronique à transmission est un outil incontournable pour l'étude des films minces en épitaxie à l'échelle atomique. Un faisceau d'électrons est comparable à un rayonnement électromagnétique, dont la longueur d'onde est définie par la relation suivante :

$$\lambda = \frac{h}{\sqrt{2m_0 eV \left(1 + \frac{eV}{2m_0 c^2}\right)}}$$

où h est la constante de Planck et le dénominateur représente la quantité de mouvement en tenant compte des corrections relativistes dans le cas des électrons de haute énergie (>100 keV). Ainsi, pour une tension d'accélération de 300 kV, la longueur d'onde du rayonnement électronique dans un microscope est de 1.97 pm, bien inférieure aux distances interatomiques. Cependant à ces longueurs d'onde, les interactions électrons-matière ne rendent possibles l'observation en transmission que pour des échantillons dont l'épaisseur est inférieure à la centaine de nanomètres.

2.3.1.2 Description du microscope électronique en transmission

Le microscope électronique en transmission utilisé dans le cadre de ce travail de thèse est un JEOL 3010-FX qui opère à une tension de 300kV. Les électrons servant de sonde sont produits par un canon à électrons thermoélectronique constitué de trois éléments :

- le filament (ou cathode) en hexaborure de lanthane (LaB_6) qui, porté à une température de 1500°C, émet des électrons ;
- l'anode permettant d'extraire les électrons du bloc source en direction de la colonne du microscope ;
- le wehnelt qui possède un potentiel plus négatif que l'anode et permet donc de sculpter la forme du faisceau d'électrons. Plus cette différence de potentiel est élevée plus l'émission va se faire sur une zone concentrée et donc réduire le courant émis.

Le faisceau d'électrons doit être ensuite mis en forme pour sonder l'échantillon, puis, pour faire apparaître la structure du matériau, il passe donc par plusieurs séries de lentilles que l'on peut découpler en trois zones de la

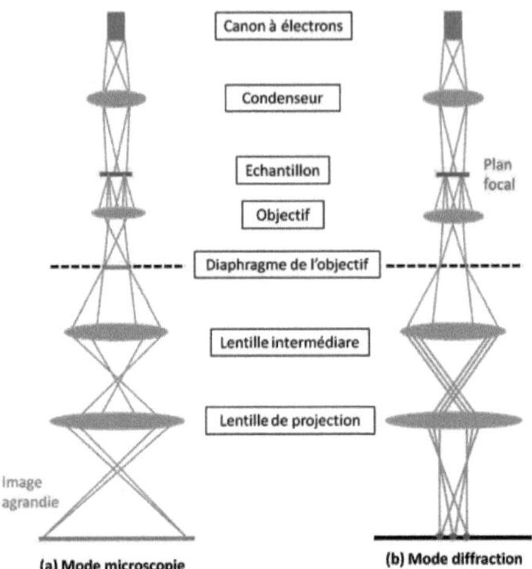

FIGURE 2.3.1 – Principe du fonctionnement d'un microscope électronique en mode microscopie (a) et en mode diffraction (b).

colonne selon leur rôle dans la formation d'une image : les lentilles condenseurs, le système objectif, et les lentilles intermédiaires et de projection. Un schéma du principe de fonctionnement est représenté sur la figure 2.3.1.

2.3.1.3 La diffraction électronique

La technique de diffraction électronique est une technique à part entière de la microscopie électronique en transmission, mais les phénomènes de diffraction sont également responsables d'une partie du contraste observé en microscopie conventionnelle et en haute résolution. Nous allons décrire très brièvement son fonctionnement. Il s'agit ici d'une technique de diffraction en transmission. Le faisceau traverse l'échantillon et va diffracter sur des familles de plans vérifiant la loi de Bragg, i.e. $2dsin\theta = n\lambda$. Le rayon de la sphère d'Ewald étant grand devant les distances caractéristiques de l'espace réciproque, on va observer sur l'écran un grand nombre de taches de diffraction correspondant généralement à plusieurs zones de Laue. Ce cliché de diffraction électronique nous renseigne sur la structure cristalline dans le plan orthogonal au faisceau d'électrons. En insérant le diaphragme de sélection d'aire, il est possible d'observer le cliché de diffraction associé à une zone précise de l'échantillon et d'identifier ainsi les différentes phases cristallines. A l'inverse, l'insertion d'un diaphragme objectif dans le plan de diffraction permet si l'on repasse en mode image de visualiser les zones correspondant à cette diffraction.

2.3.1.4 Obtention d'images à haute résolution

La microscopie électronique en transmission à haute résolution (HR-TEM pour High Resolution TEM) permet d'observer la matière à des échelles inférieures aux distances interatomiques L'obtention d'images à haute résolution de très bonne qualité est assez complexe et nécessite la maîtrise de deux étapes principales : la préparation des échantillons et le réglage du microscope. La préparation des échantillons pour l'étude d'hétérostructures est assez fastidieuse et délicate mais elle permet d'observer les interfaces entre les différentes couches ainsi que les défauts éventuels. Présentée sur la figure 2.3.2, cette procédure est constituée de plusieurs étapes : deux couches minces sont d'abord collées face à face. Un polissage mécanique de la tranche des échantillons réduit alors l'épaisseur à 50 µm environ. Ensuite, l'échantillon est collé sur une rondelle en cuivre qui sert de support. L'amincissement ionique (Precison Ion Polishing System) est finalement utilisé jusqu'à la perforation de la lame mince en son centre. La profondeur de pénétration des électrons étant de l'ordre de quelques centaines de nm, l'épaisseur de l'échantillon doit être inférieur à cette dimension pour une étude à haute résolution. Ensuite, pour réaliser des clichés haute résolution, il est nécessaire d'aligner l'échantillon de sorte que l'axe optique du microscope soit confondu avec un axe de haute symétrie du cristal appelé axe de zone. À ces échelles, l'interaction d'une onde

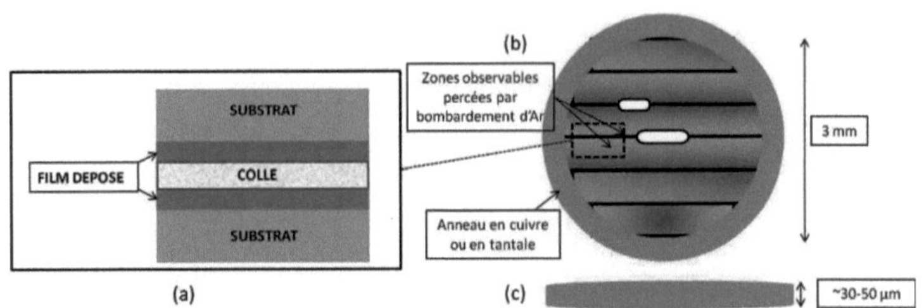

FIGURE 2.3.2 – Schéma illustrant la préparation d'un échantillon en vue transverse pour la microscopie électronique en transmission. (a) Les échantillons sont collés tête-bêche puis après amincissement mécanique, (b) ils sont collés à un anneau métallique et amincis à l'aide d'un bombardement ionique d'Ar. (c) L'épaisseur des échantillons après polissage mécanique ne doit pas excéder 50 µm pour rentrer dans le support du TEM.

plane électronique avec une fine couche de matière peut être assimilée à la traversée d'un objet de phase, en d'autres termes la modification de sa phase sera sa seule influence sur l'onde électronique. L'interférence du faisceau direct avec les faisceaux diffractés va alors donner dans le plan image un cliché appelé image à haute résolution. La microscopie électronique en transmission à haute résolution ne donne donc pas strictement une image des atomes, mais bien une figure d'interférence, qui pour être parfaitement interprétée, nécessite le recours à la simulation du cliché. Nous nous contenterons cependant du cliché brut, qui donne en général une bonne idée de la structure cristalline, de ses symétries, des distances interatomiques et des défauts cristallins.

2.3.2   Caractérisations magnétiques

Les propriétés magnétiques macroscopiques d'un matériau ferromagnétique sont principalement caractérisées par son cycle d'hystérésis et sa température de Curie, et déterminent si le matériau convient à une application donnée. Les techniques principales de caractérisation magnétique utilisées pour les couches minces de Mn_5Ge_3 sont le SQUID (Superconducting

Quantum Interference Device) et le VSM (Vibrating Sample Magnetometer). Nous allons rapidement présenter le principe de fonctionnement de ces deux techniques, puis expliquer les précautions à prendre pour analyser correctement des mesures d'aimantation absolue. Par ailleurs, nous remercions vivement les laboratoires qui nous ont permis de réaliser ces expériences : l'Institut Néel (Grenoble) pour les mesures VSM et le CEA, SNM (Grenoble), l'AIST (Tsukuba, Japon) et l'IM2NP (Marseille) pour les mesures SQUID (Quantum Design, modèle MPMS-5).

2.3.2.1 Magnétométrie SQUID

La magnétométrie SQUID (Superconducting Quantum Interference Device) est une technique de mesure d'aimantation extrêmement sensible. Elle permet de mesurer des aimantations très faibles (10^{-8} emu) en appliquant des champs dans une large gamme (jusqu'à 5 T), et pour des températures allant de quelques Kelvin à plus de 350 K selon les SQUID.

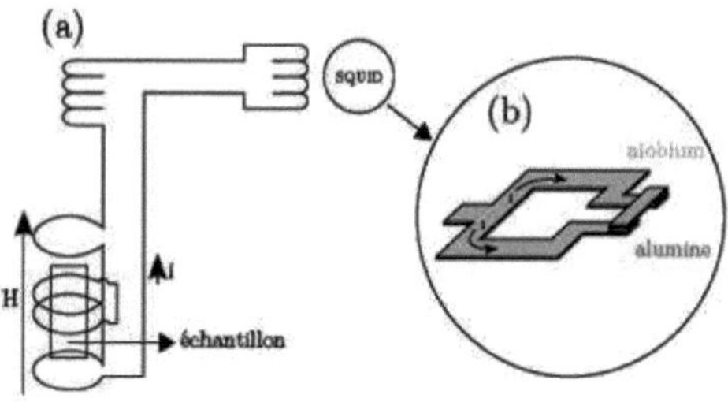

FIGURE 2.3.3 – Schéma d'un magnétomètre à SQUID. (b) Zoom sur le SQUID.

Le magnétomètre à SQUID (DC) est basé sur l'utilisation de la jonction Josephson. Un filament supraconducteur couple le courant induit dans les boucles de détection au détecteur SQUID : le flux créé par le mouvement d'un échantillon magnétique le long de l'axe de bobines de détection supraconductrices modifie alors le courant qui parcourt le circuit supraconducteur. L'aimantation de l'échantillon, proportionnelle à la valeur crête-à-crête de la tension de sortie du SQUID, est alors déduite de cet ajustement pour chaque valeur du champ appliqué. La figure 2.3.3 représente schématiquement le principe d'un magnétomètre SQUID.

2.3.2.2 Magnétométrie VSM

Le magnétomètre à échantillon vibrant (VSM) est basé sur le même principe de fonctionnement que le SQUID, c'est-à-dire la détection de la variation de flux magnétique créé par un échantillon aimanté en vibration. Dans le cas d'un VSM, l'échantillon est fixé sur une canne vibrante verticalement au centre d'un électro-aimant. Les courants créés dans les quatre bobines de détections placées de part et d'autre de l'échantillon permettent de détecter les variations de flux magnétiques créées par la vibration. Une valeur absolue de l'aimantation de l'échantillon est alors déduite à partir de ces variations de flux magnétiques. La sensibilité du VSM, de l'ordre de 10^{-6} emu, est beaucoup plus faible que celle du SQUID et par conséquent, cette technique est moins adaptée à l'étude des films magnétiques de faibles épaisseurs. Cependant les mesures sont beaucoup plus rapides à réaliser que les celles effectuées sur un magnétomètre à SQUID.

2.3.2.3 Traitement de mesures obtenues par magnétométrie

Ces techniques donnent une mesure macroscopique de l'aimantation. Plusieurs types de signaux parasites peuvent venir compliquer, voire fausser, l'analyse des données ; il est donc nécessaire de prendre certaines précautions :

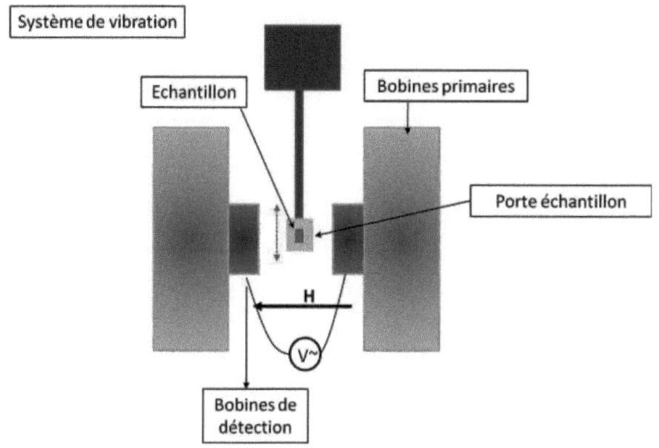

FIGURE 2.3.4 – Schéma d'un magnétomètre à échantillon vibrant (VSM).

Centrage

Afin d'analyser le signal brut, l'échantillon doit être parfaitement centré sur l'axe des spires. Pour les petits échantillons, ou pour les formes irrégulières, comme cela a parfois été le cas, cette hypothèse n'est pas forcément vérifiée. L'erreur ainsi introduite peut atteindre le pourcent, suivant la géométrie de champ utilisée (voir [80] pour une étude approfondie de ces effets).

Contribution diamagnétique

Lorsqu'une orbite électronique est plongée dans un champ magnétique, elle cherche à s'opposer à la variation de flux en créant une force électromagnétique (f.e.m.) dans la boucle comme le décrit la loi de Lenz. Cet effet aura pour conséquence de diminuer la vitesse de l'électron, et donc de diminuer son moment. La contribution diamagnétique à l'aimantation se traduit par une pente négative à haut champ dans la courbe $M(H)$. Elle dépend linéairement du champ et est indépendante de la température.

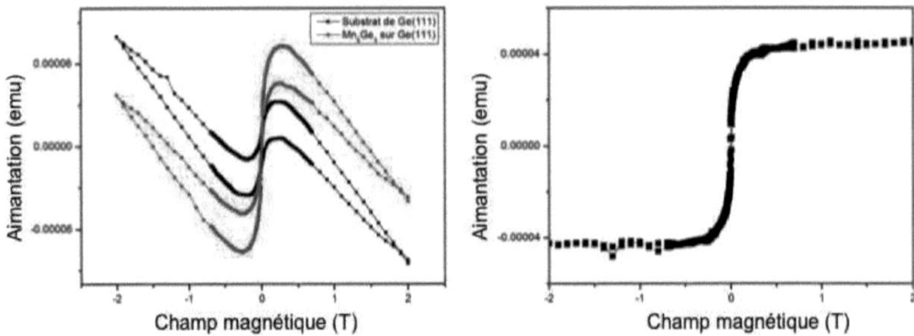

FIGURE 2.3.5 – (a) Mesures brutes d'aimantation d'une couche de Mn$_5$Ge$_3$ sur Ge et d'un substrat de Ge à 15 K (b) Mesures d'aimantation d'une couche de Mn$_5$Ge$_3$ en soustrayant le substrat de Ge.

Dans nos expériences, elle vient principalement du substrat de la couche, mais également des pailles et de la colle parfois utilisées lors la mise en place de l'échantillon.

Il est possible de déterminer cette contribution diamagnétique par la pente de la courbe $M(H)$ mesurée à 350 K, où il n'y a pas de signal ferromagnétique. Cependant, si la couche est purement ferromagnétique à la température de mesure, la composante diamagnétique peut être retirée en soustrayant soit les mesures effectuées sur un substrat de Ge, soit la pente de la droite obtenue à des valeurs de champ au dessus de la saturation de la couche. Nous utiliserons cette dernière méthode dans la plupart des cas. Néanmoins, une détermination erronée de cette contribution, due par exemple à la présence d'une phase secondaire, peut fortement influencer les courbes d'aimantation corrigées.

Normalisation

Le signal brut en emu donné par le SQUID ou le VSM doit être rapporté à une unité standardisée, en emu/cm^3 ou en A/m par exemple, afin de comparer les mesures entre elles et à celles de la littérature. Pour normaliser en emu/cm^3, il faut estimer le volume de la couche magnétique : $S_{couche} \times e_{couche}$. Pour mesurer la surface de l'échantillon (S_{couche}), soit on mesure la surface à l'aide d'un microscope optique, soit on pèse les échantillons utilisés pour les mesures. Connaissant la masse d'un échantillon de 1 cm^2 et négligeant la masse de la couche ferromagnétique par rapport au substrat (car $e_{couche} << e_{substrat}$), on retrouve la surface de notre échantillon. Ces deux méthodes induisent une erreur sur la surface estimée à environ 10%. Par conséquent, une erreur de 10% sur l'épaisseur d'une couche de Mn$_5$Ge$_3$ mesurée en microscopie électronique en transmission peut donc rapidement mener à une erreur de 20% sur l'aimantation rapportée à un volume pour de petits échantillons. Il est donc nécessaire d'introduire des barres d'erreurs lors des comparaisons de l'aimantation de nos échantillons en emu/cm^3.

Chapitre 3

Croissance par épitaxie de couches minces de Mn$_5$Ge$_3$ sur Ge

Ce chapitre est consacré à l'étude de la croissance de couches minces de Mn$_5$Ge$_3$ épitaxiées sur un substrat de Ge d'orientation cristalline (111). La croissance a été réalisée par épitaxie par jets moléculaires (MBE) et plusieurs techniques de caractérisation ont été combinées pour décrire au mieux le système Mn$_5$Ge$_3$/Ge. Dans une première partie, les propriétés du Mn et du Ge ainsi qu'une description du système binaire Mn-Ge permettront de mettre en exergue le composé ferromagnétique Mn$_5$Ge$_3$ dont les propriétés structurales, magnétiques et électroniques seront détaillées à travers un état de l'art. En seconde partie, la méthode de croissance de Mn$_5$Ge$_3$ sur Ge(111), appelée épitaxie en phase solide (SPE) sera exposée. Une première étape indispensable consiste à définir les conditions de croissance nécessaires à l'obtention de propriétés structurales et magnétiques reproductibles et de qualité. En effet, la qualité cristalline du système Mn$_5$Ge$_3$/Ge et particulièrement celle de l'interface déterminera en partie la hauteur de la barrière Schottky et donc l'efficacité d'injection d'un courant polarisé en spin. En combinant le RHEED, les techniques de microscopie électronique en transmission et de diffraction de rayons X, *une étude approfondie des caractéristiques morphologiques et cristallogra-phiques des films a été menée. Par ailleurs, les propriétés magnétiques des films de Mn$_5$Ge$_3$ seront également déterminantes pour le transport pola-risé en spin. Les grandeurs importantes, notamment le champ coercitif, l'anisotropie magnétique, et la température de Curie, ont été déterminées à l'aide des techniques de magnétométrie (VSM et SQUID). Enfin, des mesures électriques ont permis de confirmer le comportement métallique du Mn$_5$Ge$_3$ et déterminer la nature du contact Mn$_5$Ge$_3$/Ge .*

3.1 État de l'art du composé Mn$_5$Ge$_3$

3.1.1 Le système Mn-Ge

3.1.1.1 Intérêt et propriétés spécifiques du manganèse

Le caractère ferromagnétique de nos structures à base de Mn$_5$Ge$_3$ pro-vient de l'utilisation du manganèse (Mn). L'intérêt du Mn par rapport aux autres éléments magnétiques réside dans le fait que, de tous les métaux de transition et terres rares, le Mn est le seul à permettre à la fois un ordre ferromagnétique et un moment magnétique par atome de manganèse rela-tivement important lorsqu'il est introduit en tant qu'impuretés dans le Ge (de l'ordre de 3 μ_B/Mn) [81].

C'est un métal de transition de la colonne VII qui se cristallise le plus souvent sous deux formes : α-Mn et β-Mn. La configuration électronique du Mn isolé est $3d^5 2s^2$. Il possède deux électrons de valence sur l'orbitale $4s^2$. Par ailleurs, son orbitale $3d$ étant à moitié pleine ($3d^5$), les cinq électrons de cette orbitale ont, de part la règle de Hund, des spins parallèles. Ils ne participent pas aux liaisons covalentes, mais confèrent au manganèse un spin 5/2. Ainsi l'atome isolé de Mn porte un moment magnétique de 5 μ_B, ce qui est le maximum possible pour les métaux de transition.

Les premières études basées sur l'utilisation du Mn dans les semi-conducteurs ont porté sur les semi-conducteurs du groupe II-VI tels que CdTe ou HgTe dopés avec de faibles quantités de Mn [82]. L'effort de recherche s'est ensuite orienté sur les III-V suite à la découverte du ferromagnétisme dans le In$_{1-x}$Mn$_x$As et le Ga$_{1-x}$Mn$_x$As [30, 83, 84, 28, 85]. Malgré les efforts de nombreuses équipes, la température de Curie (T$_C$) de ces systèmes reste relativement basse (< 200 K), ce qui limite considérablement les éventuelles applications pratiques.

Il y a quelques années, le groupe de Jamet au CEA à Grenoble a réalisé la croissance d'un film de Mn$_x$Ge$_{1-x}$ et a observé la formation de nano-colonnes riches en Mn à haute température de Curie (T$_C$ > 400 K) sous certaines conditions de température de croissance et de concentration en Mn [86, 87]. Ce résultat est *a priori* très encourageant quant à l'intégration de ce composé dans la technologie des semi-conducteurs du groupe IV. Cependant, des problèmes d'inhomogénéités et de stabilité thermique freinent singulièrement le développement de ce composé. Ces difficultés résultent principalement de la faible solubilité du Mn dans le Ge. À l'équilibre, cette solubilité est estimée à 10^{15} cm^{-3} [88]. Les techniques de croissance hors-équilibre telles que l'épitaxie par jets moléculaires permettent d'augmenter sensiblement cette limite de solubilité. Cependant, cela demeure insuffisant pour l'obtention d'un composé Mn$_x$Ge$_{1-x}$ homogène à haute T$_C$.

3.1.1.2 Le germanium

Le germanium (Ge) est connu depuis longtemps en tant qu'alternative au Si car il présente des caractéristiques de mobilité de porteur de charge accrue. Ce semi-conducteur à gap indirect étroit (0.65 eV) possède une structure cubique à face centrée (*cfc*) type diamant. Son paramètre de maille est de 5.65 Å, valeur très proche de celle du Si. La structure diamant du Ge peut être vue comme l'assemblage de deux réseaux cubiques face centrée translatés l'un par rapport à l'autre d'une distance interatomique dans la direction [111], et la cellule élémentaire contient donc deux atomes. Les détails de sa structure cristallographique et des propriétés électroniques principales sont résumés dans le tableau 3.1.

Propriétés à T = 300 K	Ge
Structure cristalline (groupe d'espace)	cfc (fd3m)
Paramètre de maille (Å)	5.65
Nombre de premiers proches voisins Distance (Å)	4 atomes de Ge 2.45
Nombre de second proches voisins Distance (Å)	12 atomes de Ge 4,00
Diamètre de l'atome (Å)	1,367
Énergie de gap (eV)	0.65
Constante diélectriques relatives ε_R	16.3
Mobilité des électrons (cm^2.V^{-1}.s^{-1})	3900
Mobilité des trous (cm^2.V^{-1}.s^{-1})	1900
Électronégativité	2.01
Concentration d'atomes (/cm^3)	$4.42.10^{22}$

TABLE 3.1 – Résumé des propriétés cristallines et électriques du Ge.

L'intérêt pour le Ge a considérablement augmenté depuis la première démonstration du transistor à effet de champ à grille isolée MOSFET (Metal Oxide Semiconductor Field Effect Transistor) constitué de diélectrique à fort k (high-k) [89]. Cette découverte a ouvert la possibilité d'augmenter les fréquences de performance des composants logiques digitaux grâce à la haute mobilité des porteurs, en particulier la mobilité des trous qui se trouve être la plus élevée de tous les semi-conducteurs. Par ailleurs, nous rappelons qu'en plus de cette forte mobilité, sa compatibilité avec les technologies actuelles de la micro-électronique et des durées de vie de polarisation très intéressantes [60] rendent le Ge très attractif pour la réalisation de dispositifs d'injection de spin.

3.1.1.3   Le diagramme de phase du système Mn-Ge

Avant d'effectuer la croissance de films de Mn-Ge, il est important de revenir au diagramme de phase du système manganèse-germanium et d'en explorer les détails. Nous allons donc, dans un premier temps, décrire les alliages MnGe connus. Cela nous permettra de mieux comprendre la formation des différentes phases Mn-Ge, et de savoir quels types de composés peuvent se former à la surface du Ge dans des conditions de pression et de température spécifiques.

Les phases thermodynamiquement stables du système binaire Mn-Ge sont présentées dans le diagramme de phase sur la figure 3.1.1. Il est constitué de 12 composés définis. Il est intéressant de noter qu'il n'existe pas de phase stable contenant moins de 58% de manganèse atomique. Par ailleurs, toutes les phases contenant du Mn sont métalliques et certaines d'entre elles présentent un caractère ferromagnétique.

Depuis les années 1980, on considère généralement 12 composés définis dont 6 phases stables. Les 6 composés stables à basse température sont :

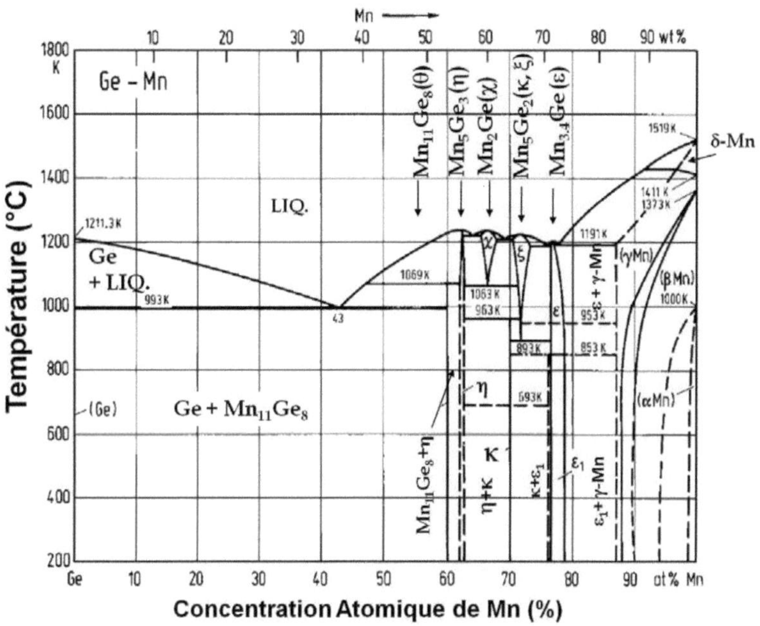

FIGURE 3.1.1 – Diagramme de phase du système binaire Ge-Mn. D'après [90, 91].

— Ge diamant : c'est la phase stable du germanium. Ses propriétés ont été décrites au paragraphe précédent (cf 3.1.1.2)

— $Mn_{11}Ge_8$ (θ) [92] : parfois noté Mn_3Ge_2, c'est l'alliage le plus riche en Ge avec 42% de Ge. Il se forme lors de la séparation de phase des composés faiblement concentrés en Mn. Il a été identifié en 1974 comme étant isostructural à $Mn_{11}Cr_8$ [93]. Ce composé possède une transition antiferromagnétique/ferromagnétique à 150 K , puis une autre ferromagnétique/paramagnétique vers 274 K. L'ordre ferromagnétique se manifeste par un moment de 0.05 μ_B par atomes de Mn [94].

— Mn_5Ge_3 (η) : de structure identique à celle du Mn_5Si_3 [62], ce composé est ferromagnétique avec une température de Curie de l'ordre de 300 K. Il possède un ordre local très similaire au $Mn_{11}Ge_8$, mais sa concentration en Ge est légèrement inférieure (37.5% de Ge).

— Mn_5Ge_2 (κ) : encore appelé Mn_7Ge_3 [91] ; la structure atomique de ce composé a été définitivement fixée en 1984 [92]. Ce composé est ferrimagnétique avec des températures de compensation et de Curie de 395 K et 710 K respectivement. Les différents types de manganèse portent des moments de 2.18 μ_B, 2.02 μ_B et -2.96 μ_B [95, 96].

— $Mn_{3.4}Ge$ (ε) : composé de type tétragonal face centrée, il est isostrucutral à Al_3Ti [91]. Il a plus précisément la stœchiométrie $Mn_{3.25}Ge$ (25% de Ge atomique) [97, 98]. Le composé est ferrimagnétique [95], avec un sous-réseau à 1.9 μ_B et un à -3 μ_B , et une température de Curie supérieure à la température de changement de phase ($T_C > 800$ K).

— $\alpha-Mn$: c'est la phase stable du manganèse pur. Sa cellule élémentaire, assez complexe, contient 58 atomes, répartis en 6 sous-réseaux [99]. Cette complexité viendrait de la compétition entre la règle de Hund qui tend à maximiser le moment total de spin, et l'hybridation des orbitales qui va dans le sens opposé [100].

Les 6 autres composés n'apparaissent qu'à haute température :

— Mn_2Ge (χ) : sa structure est de type Ni_2In [101]. Peu d'informations sont disponibles hormis le fait qu'un refroidissement provoque la décomposition de ce composé en Mn_5Ge_3 (η) et en Mn_5Ge_2 (ξ).

— Mn_5Ge_2 (ξ) : ce composé est constitué de deux phases : $Mn_{5.11}Ge_2$ [102] et Mn_5Ge_2 [103] qui sont de type Mn_2Ge (χ) fauté [104, 105]. Il présente un ordre antiferromagnétique [104].

— Mn$_3$Ge (ε) : également noté Mn$_{3.4}$Ge [91] ce composé présente un caractère faiblement ferromagnétique avec T$_C$= 365 K de type non colinéaire [95].

— β−Mn : proche de la phase α-Mn [106], le magnétisme est de type antiferromagnétique non colinéaire [107].

— γ−Mn : c'est la phase compacte du Mn qui apparaît à partir de 1100°C [91]. Elle a une structure cubique face centrée *fcc*. Elle est paramagnétique à ces températures, avec un moment par atome de 2.3 μ_B [108, 109].

— δ−Mn : cette phase possède une structure cubique centré *bcc* et apparaît dans la gamme de température suivante : de 1140°C à 1234°C (température de fusion du Mn) [91]. Le magnétisme n'est pas connu.

Par ailleurs, afin d'étudier la partie haute du diagramme de phase Mn-Ge, l'équipe de Takizawa a réussi à synthétiser 4 nouvelles phases haute pression à partir d'un mélange liquide de Ge et de Mn en utilisant des techniques de croissance sous haute pression (4-6 GPa) [110].

— MnGe$_4$;
— Mn$_3$Ge$_5$;
— MnGe ;
— Mn$_3$Ge.

L'objectif de ce travail étant l'élaboration d'un matériau ferromagnétique stable pour l'injection de spin dans le Ge, seuls les composés situés dans la partie basse du diagramme vont nous intéresser. La figure 3.1.2 schématise ces différents composés stables à basse température en fonction de la concentration en Mn. Le Ge et le α-Mn sont non magnétiques (NM), le

$Mn_{11}Ge_8$ est antiferromagnétique (AFM) et les phases Mn_5Ge_2 et Mn_3Ge sont ferrimagnétiques (FiM). Par conséquent, seul le Mn_5Ge_3 va retenir notre attention puisqu'il présente un comportement ferromagnétique avec une température de Curie de 300 K.

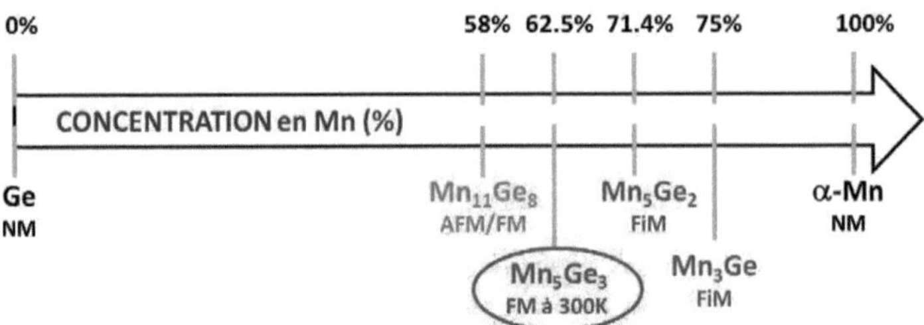

FIGURE 3.1.2 – Schéma des 6 différents composés définis stables du système Mn-Ge dans les conditions normales de pression et de température et pour des concentrations de manganèse allant de 0% à 100%.

Lors du dopage de Mn dans le Ge dans le but de réaliser des semi-conducteurs magnétiques dilués (DMS), la ségrégation de Mn pose souvent des difficultés [81, 111]. En effet, au-delà d'une certaine concentration de Mn et d'une température de croissance supérieure à 200°C, la dilution du Mn dans une matrice de Ge conduit généralement à la formation de précipités riches en Mn [112, 113, 114, 94, 29]. Ces précipités sont majoritairement responsables du caractère ferromagnétique observé à température ambiante dans les couches minces de Mn_xGe_{1-x} [115, 87]. En particulier, on retrouve souvent des cristallites de Mn_5Ge_3 répartis de façon aléatoire dans le substrat de Ge. Ces inhomogénéités empêche une quelconque utilisation de ce matériau pour la réalisation d'un dispositif d'injection de spin.

Par conséquent, afin d'éviter ces problèmes d'inhomogénéités tout en conservant le caractère ferromagnétique à haute température, nous avons décidé d'adopter une approche différente. Notre démarche consiste à stabiliser et à contrôler la formation du composé Mn$_5$Ge$_3$ en l'élaborant sous forme de films minces épitaxiés sur Ge(111). Ces couches minces auront les avantages d'être stables thermiquement, d'être ferromagnétiques à température ambiante et de s'épitaxier sur un semi-conducteur du groupe IV. Et contrairement aux précipités distribués aléatoirement dans le Ge, nous allons obtenir un film mince d'épaisseur contrôlée.

3.1.2 Le composé massif Mn$_5$Ge$_3$

3.1.2.1 Propriétés structurales du Mn$_5$Ge$_3$

Mis en évidence pour la première fois en 1949 par Zwicker et *al.* [63], le composé Mn$_5$Ge$_3$ possède la même structure hexagonale que le Mn$_5$Si$_3$ [62]. Mais contrairement à ce dernier, il est ferromagnétique jusqu'à température ambiante. Appartenant au groupe d'espace P6$_3$/mcm, il possède une structure type D8$_8$ représentée sur la figure 3.1.3. Les paramètres de maille à 300 K sont : $a = b = 7.184$ Å et $c = 5.053$Å et la maille élémentaire de Mn$_5$Ge$_3$ contient 16 atomes [116].

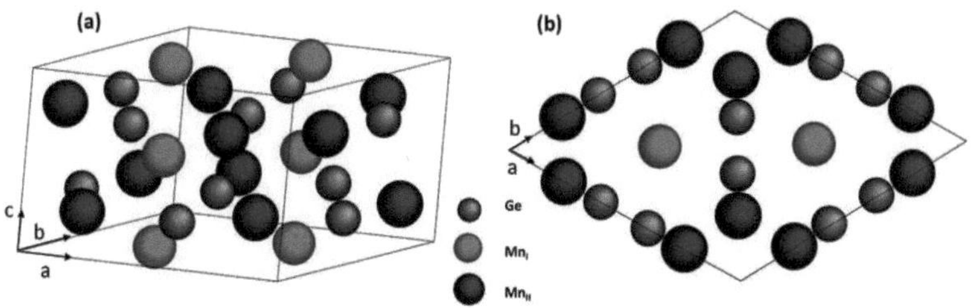

FIGURE 3.1.3 – Représentation de la structure cristallographique d'une maille de Mn$_5$Ge$_3$ en perspective (a) et en vue de dessus (b).

Les atomes de Mn peuvent se distinguer en deux catégories Mn$_I$ et Mn$_{II}$ du fait de leur coordination différente [116]. En effet, on peut distinguer deux différents plans atomiques perpendiculaires à l'axe z contenant deux sites non équivalents de Mn : le premier plan contient uniquement des atomes Mn$_I$ formant une maille hexagonale à deux dimensions à $z = 0$ et $z = \frac{1}{2}$ et le second plan contient des atomes Mn$_{II}$ et des atomes de Ge à $z = \frac{1}{4}$ et $z = \frac{3}{4}$. La position des atomes Mn$_I$ et Mn$_{II}$ composant une maille de Mn$_5$Ge$_3$ sont présentées dans le tableau 3.2 respectivement. Son ordre local est très similaire au Mn$_{11}$Ge$_8$ mais contient une concentration en germanium légèrement inférieure (37.5% de Ge pour le Mn$_5$Ge$_3$ et 42% pour le Mn$_{11}$Ge$_8$).

Par ailleurs, le Mn$_5$Ge$_3$ fut la première phase polycristalline se formant à l'interface d'un substrat de Ge(001) par évaporation de Mn par canon à électrons [117]. Ces auteurs ont démontré la nucléation de cristallites de Mn$_5$Ge$_3$ à une température de 250°C et une stabilité thermique de cette phase jusqu'à 600°C.

Atome	Nombre d'atomes	Position des atomes
Mn$_I$	4	$\pm\left(\frac{1}{3},\frac{2}{3},0\right)\pm\left(\frac{2}{3},\frac{1}{3},\frac{1}{2}\right)$
Mn$_{II}$	6	$\pm\left(x,0,\frac{1}{4}\right)\pm\left(0,x,\frac{1}{4}\right)\pm\left(x,-x,\frac{1}{4}\right)$ $x = 0.239$
Ge	6	$\pm\left(x,0,\frac{1}{4}\right)\pm\left(0,x,\frac{1}{4}\right)\pm\left(x,-x,\frac{1}{4}\right)$ $x = 0.603$

Table 3.2 – Position des atomes constituant une maille de Mn$_5$Ge$_3$ [118].

3.1.2.2 Propriétés magnétiques du Mn$_5$Ge$_3$

Les travaux du groupe de Tawara *et al.* furent les premières études publiées sur les propriétés magnétiques de monocristaux de Mn$_5$Ge$_3$ dans les années 1960 [119]. Une aimantation à saturation M_{sat} de l'ordre de 1070

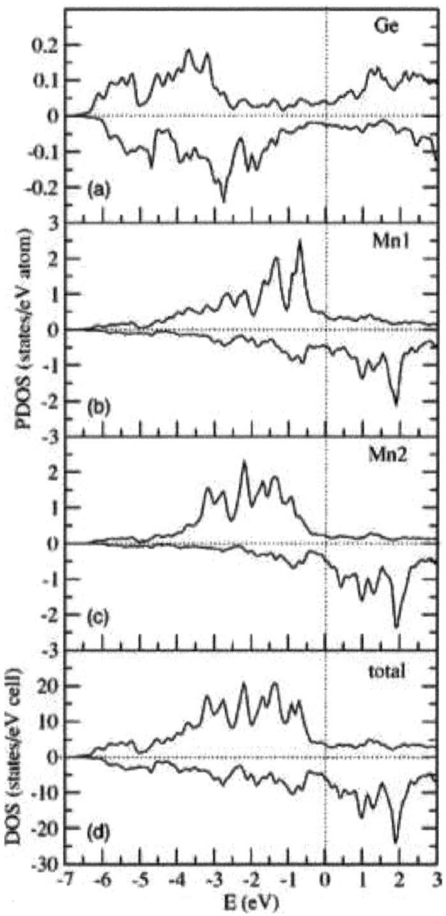

FIGURE 3.1.4 – Densité d'états projetée des trois différents types d'atomes formant une maille unitaire de Mn$_5$Ge$_3$: (a) Ge, (b) Mn$_I$, (c) Mn$_{II}$ et (d) densité d'états totale du Mn$_5$Ge$_3$. Les composantes de spins majoritaires (minoritaires) sont indiquées sur l'axe y en positif (négatif). Le niveau de l'énergie de Fermi E$_F$ correspond au zéro sur l'axe des abscisses. D'après [53].

ritaire. En particulier, d'après les analyses des pics des différents atomes situés à des mêmes énergies, il est possible de déterminer certaines correspondances :

— Les caractéristiques du Mn_I à -0.7 eV et entre 22 et 23 eV sont dues aux interactions Mn_I-Mn_I.
— Les pics de -1 à 22 eV sont dus aux interactions Mn_I-Mn_{II}.
— Les caractéristiques du Mn_{II} situées à 23.5 et à 22.5 eV ont pour origine les interactions Mn_{II}-Mn_{II}.

Les énergies de liaison élevées (> 3.5 eV) traduisent une hybridation des deux types d'atomes de Mn avec les atomes de Ge. De façon similaire, les états minoritaires des hautes énergies de liaisons (> 1.3 eV) démontrent des caractéristiques communes pour les atomes de Mn_I, Mn_{II} et de Ge, alors que les pics à 21 et 20.5 eV résultent de l'hybridation Mn_I-Mn_{II}. Les états inoccupés sont largement dus à la composante de spin minoritaire et peu de différences sont visibles entre Mn_I et Mn_{II}.

3.2 Élaboration de couches minces de Mn_5Ge_3 épitaxiées sur Ge(111)

Le groupe de Zeng fut le premier à démontrer la possibilité d'épitaxier du Mn_5Ge_3 sur un substrat de Ge d'orientation cristalline (111) grâce à des techniques d'épitaxie par jets moléculaires [11, 123]. L'orientation (111) du Ge permet de stabiliser la structure hexagonale du Mn_5Ge_3 grâce aux relations d'épitaxie entre le substrat et la couche. Par ailleurs, ce groupe a mis en évidence pour la première fois une anisotropie magnétique planaire qui diffèrent de celle du matériau massif. Peu d'autres résultats expérimentaux ont été obtenus sur ce système, en particulier, il existe peu d'informations concernant la qualité structurale du film déposé, de l'interface avec le Ge, la rugosité et la présence de dislocations à l'interface etc...

En vue de l'utilisation de ce système pour la réalisation d'un dispositif efficace d'injection de spin, il est nécessaire de caractériser de façon plus approfondie les propriétés structurales, magnétiques et électriques des couches minces de Mn$_5$Ge$_3$ épitaxiées sur Ge(111).

Dans un premier temps, nous présentons la méthode de croissance par épitaxie des couches minces de Mn$_5$Ge$_3$ sur Ge(111). Puis nous nous sommes intéressés aux propriétés structurales avec une description de l'orientation cristallographique et des relations d'épitaxie du film déposé. Les observations au microscope électronique à transmission nous ont permis d'enrichir cette étude avec une caractérisation de l'interface entre le Mn$_5$Ge$_3$ et le Ge (défauts, contraintes, présence de phases secondaires). Ensuite, une analyse de leur composition chimique a été réalisée afin d'évaluer d'éventuels écarts par rapport à la stoechiométrie de composé Mn$_5$Ge$_3$ ou la présence éventuelle d'impuretés, et permettre ainsi une meilleure compréhension des propriétés caractérisées ultérieurement. Les propriétés magnétiques (constante d'anisotropie magnétique, température de Curie) ont été déterminées et mises en relation avec les caractéristiques structurales précédemment évaluées. Enfin des premières mesures électriques ont été réalisées dans le but de déterminer la résistivité et la nature du contact Mn$_5$Ge$_3$/Ge.

3.2.1 Techniques de croissance par épitaxie

L'hétéroépitaxie de films minces magnétiques sur substrats semi-conducteurs a fait l'objet de nombreuses études ces dernières années et a largement contribué au développement des techniques d'épitaxie par jets moléculaires.

Lors de la croissance par épitaxie de couches minces, plusieurs processus et différents modes de croissance peuvent intervenir, qui vont fortement influer sur la morphologie et la microstructure des films. Il existe diverses approches pour décrire la croissance d'une couche mince, de l'échelle macroscopique à l'échelle microscopique.

Les deux principales méthodes de croissance utilisées pour l'élaboration des couches de Mn_5Ge_3 épitaxiées sur Ge sont :

- **"Solid Phase Epitaxy"** (SPE) : dépôt par épitaxie en phase solide. Cette méthode consiste à déposer un matériau sur un substrat à température ambiante, et à réaliser ensuite un recuit thermique afin d'activer l'interdiffusion entre les éléments du matériau déposé et du substrat. Cette technique implique la contribution de deux phénomènes : la diffusion et la nucléation de phases. Dans notre cas, l'espèce diffusante majoritaire est le germanium et le degré de diffusion va dépendre de la température de recuit. Ainsi, il est possible de former successivement les différents composés stables du diagramme de phase Mn-Ge selon la température de recuit. Le système atteint alors son équilibre en formant la phase Mn_xGe_y, phase stable. La figure 3.2.1 schématise cette méthode de dépôt permettant la formation du composé Mn_xGe_y.

- **"Reactive Deposition Epitaxy"**(RDE) : épitaxie par dépôt réactif. Cette technique consiste en un dépôt ou un co-dépôt à une température de substrat T_S supérieure à la température ambiante. Elle permet de supprimer la diffusion de l'espèce diffusante à partir de

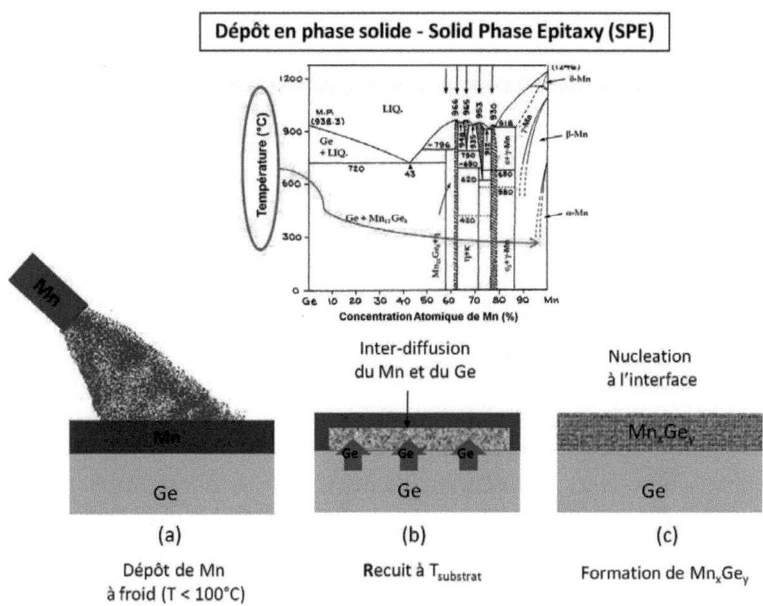

FIGURE 3.2.1 – Schéma représentant la technique de dépôt "Solid Phase Epitaxy", dépôt par épitaxie en phase solide. La formation du composé Mn$_x$Ge$_y$ est régie par les mécanismes de diffusion et de nucléation des éléments présents.

l'interface avec le substrat, ne laissant principalement intervenir que le phénomène de nucléation de phases. Cependant, pour le co-dépôt de plusieurs éléments, cette technique nécessite une maîtrise très précise des flux des éléments à déposer afin de contrôler parfaitement la stœchiométrie du composé à former. Cette technique sera décrite plus en détails à la partie 5.3.1.

La croissance par SPE est une technique simple à mettre en œuvre, elle ne nécessite pas un contrôle précis des flux du ou des éléments à déposer.

Malgré la difficulté de la maîtrise du processus cinétique de formation des phases intermédiaires, l'avantage essentiel de cette technique est qu'elle permet de former, à l'étape finale, la phase épitaxiée la plus stable.

Dans notre cas, nous avons déposé du Mn sur le Ge propre à température ambiante. La figure 3.2.2 présente l'évolution des clichés RHEED lors de la croissance par SPE. Dès les premiers instants du dépôt de Mn, les clichés RHEED correspondant à la reconstruction $c(2\times1)$ du Ge (cf Fig. 3.2.2 (a-b)) s'atténuent avec d'abord une disparition rapide des tiges de reconstruction $\frac{1}{2}$ puis des tiges (1×1). Lorsque le dépôt de Mn est supérieur à quelques nm, un RHEED cristallin correspondant au α-Mn apparaît (cf Fig. 3.2.2 (c-d)).

Après cette étape, un recuit thermique à 450°C pendant $10 - 15$ min est réalisé afin de former la phase stable Mn$_5$Ge$_3$. Jusqu'à une température de 450°C, aucun changement sur les clichés RHEED n'est observable. Au-delà de cette température de recuit de 450°C, un nouveau digramme RHEED apparaît (cf Fig. 3.2.2 (e-f)). Ce diagramme RHEED peut être attribué à la phase Mn$_5$Ge$_3$ sans aucune ambiguïté. En effet, Zeng *et al.* ont observé les mêmes clichés RHEED avec une reconstruction de type $(\sqrt{3}\times\sqrt{3})$R30° [11] lors de la croissance par épitaxie de couches minces de Mn$_5$Ge$_3$. Notons que le même diagramme de diffraction RHEED est observé en tournant l'échantillon tous les 60°, indiquant que le film possède une symétrie hexagonale, comme le substrat de Ge(111). Le suivi RHEED de la croissance de Mn$_5$Ge$_3$ nous donne un profil en tiges indiquant que la croissance est bidimensionnelle et que la surface est relativement lisse.

Afin d'éviter les risques d'oxydation, les couches minces de Mn$_5$Ge$_3$ sont protégées par une fine couche $(3 - 5$ nm) de Ge déposée à température ambiante pour les caractérisations *ex situ*.

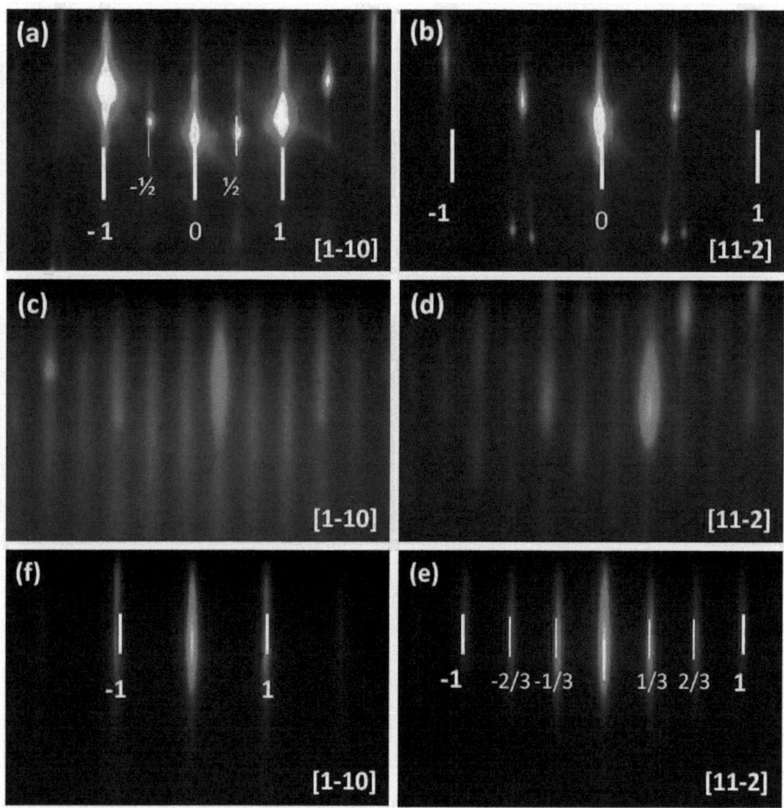

FIGURE 3.2.2 – Diagrammes RHEED suivant les directions [1-10] (a, c et e) et [11-2] (b, d et f). L'énergie incidente des électrons est de 30 keV. Les tiges (1×1) sont indiquées par les traits épais, les tiges de reconstruction par des traits fins. Les clichés (a-b) représentent la surface reconstruite de Ge(111) $c(2 \times 1)$ avant le dépôt de Mn. Les clichés (c-d) correspondent à la surface du α-Mn lors d'un dépôt de Mn à température ambiante. Les clichés (e-f) apparaissent après un recuit à 430-450°C et correspondent à la reconstruction $(\sqrt{3} \times \sqrt{3})R30°$ caractéristique de la phase Mn₅Ge₃.

3.2.2   Propriétés structurales

La qualité structurale de la couche ferromagnétique ainsi que de l'interface avec le Ge est un paramètre très important pour la réalisation de structures de test d'injection de spin. En effet, il a été démontré que l'ordre cristallin à l'interface métal/semi-conducteur peut influencer la hauteur de la barrière Schottky, et donc les propriétés de transport d'un tel système [12]. Les analyses structurales par microscopie électronique à transmission et par diffraction des rayons X sont donc indispensables pour caractériser notre système, et la reprise d'épitaxie entre le Mn$_5$Ge$_3$ et le Ge va être déterminante pour le transport dépendant en spin.

La figure 3.2.3 montre des images de microscopie électronique en transmission (TEM) en coupe transverse d'une couche de 45 nm (a) et de 15 nm (b) de Mn$_5$Ge$_3$ épitaxiée sur Ge(111). La formation de Mn$_5$Ge$_3$ par la technique SPE donne bien lieu à la formation d'un film bidimensionnel monocristallin, ce qui confirme les clichés RHEED. Le film déposé est homogène sur toutes les zones observées. Par ailleurs, il y a très peu de défauts et on ne remarque pas d'inclusions de phases secondaires.

Plusieurs paramètres importants déterminent les relations d'épitaxie entre un film et son substrat : la nature chimique du substrat et surtout de sa surface, son orientation cristalline et les différences de paramètres de maille entre les deux matériaux. Nous nous sommes attachés à lever l'indétermination sur l'orientation cristalline de notre système épitaxié dans le plan des couches à l'aide des observations TEM à haute résolution en coupe transverse et en face arrière.

La figure 3.2.4 (a) représente la coupe en section transverse d'une couche mince de Mn$_5$Ge$_3$ d'environ 40 nm élaborée sur Ge(111) par la méthode

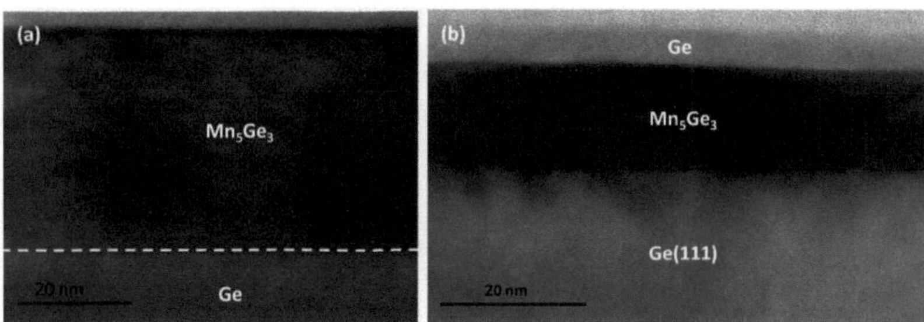

FIGURE 3.2.3 – Images de microscopie électronique en transmission en coupe transverse d'une couche de 40 nm (a) et de 15 nm (b) de Mn$_5$Ge$_3$ épitaxiée sur Ge(111).

SPE. Sur cette image, on observe une interface d'excellente qualité entre le Mn$_5$Ge$_3$ et le Ge, qui est abrupte à l'échelle atomique. La continuité des rangées atomiques entre le substrat et le film est assurée et il semblerait que l'interface n'est établie que sur quelques couches atomiques. Ce résultat suggère l'absence d'une phase intermédiaire entre les deux matériaux. L'interdiffusion du Mn et du Ge semblerait s'arrêter dès que la totalité du Mn déposé est consommée pour former une couche mince monocristalline de Mn$_5$Ge$_3$. Par ailleurs, aucune autre orientation cristalline n'a pu être détectée sur l'ensemble des échantillons élaborés dans ces conditions, ce qui corrobore les analyses RHEED.

Les observations en vue plane ont également été faites par microscopie électronique en transmission à 300 kV sur des échantillons d'épaisseur inférieure à 30 nm. Les résultats de diffraction électronique en aire sélectionnée (figure 3.2.4(b)) confirment aussi les mesures RHEED : la direction [001] du Mn$_5$Ge$_3$ est parallèle avec la direction [111] du Ge. Par ailleurs, la direction [1-10] du Mn$_5$Ge$_3$ coïncide avec la direction [11-2] du substrat de Ge. Notre système présente ainsi les relations d'épitaxie suivantes :

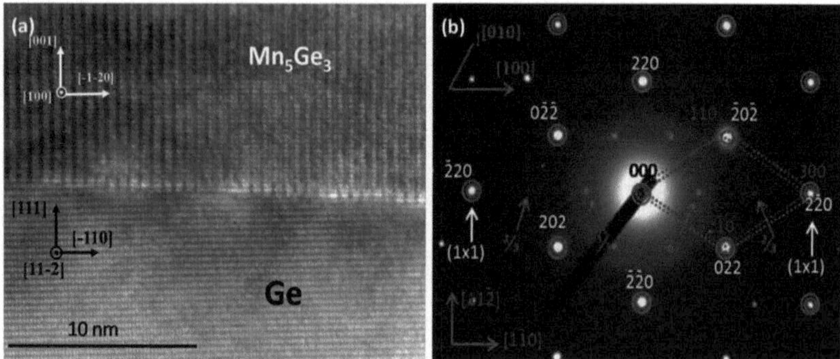

FIGURE 3.2.4 – (a) Image de microscopie électronique à haute résolution d'une couche de Mn$_5$Ge$_3$ épitaxiée sur Ge(111). (b) Cliché de diffraction en face arrière d'une même couche de Mn$_5$Ge$_3$. Les taches encerclées en bleu correspondent au Ge(111) alors que les taches encerclées en rouge correspondent au Mn$_5$Ge$_3$. Les taches non encerclées correspondent au Mn$_5$Ge$_3$ (reconstructions $\frac{1}{3}$., $\frac{2}{3}$).

$$\text{Mn}_5\text{Ge}_3(001)//\text{Ge}(111)$$

$$\text{Mn}_5\text{Ge}_3[1\text{-}10]//\text{Ge}[11\text{-}2]$$

Si l'on considère la valeur relaxée du paramètre de maille du Mn$_5$Ge$_3$ dans la direction [1-10] : $a_{Mn_5Ge_3}$ =4.15 Å, et celle du Ge : a_{Ge} =4 Å, le désaccord de paramètres de maille Δa entre ces deux plans est alors donnée par la relation suivante :

$$\Delta a = \frac{a_{Ge} - a_{Mn_5Ge_3}}{a_{Ge}} = \frac{4 - 4.15}{4} = -3.75\%$$

Cette valeur de désaccord de paramètres de maille est relativement élevée. Elle suggère l'apparition soit de dislocations tous les 25 plans atomiques environ, soit de contraintes dans le film afin d'accorder les deux réseaux cristallins.

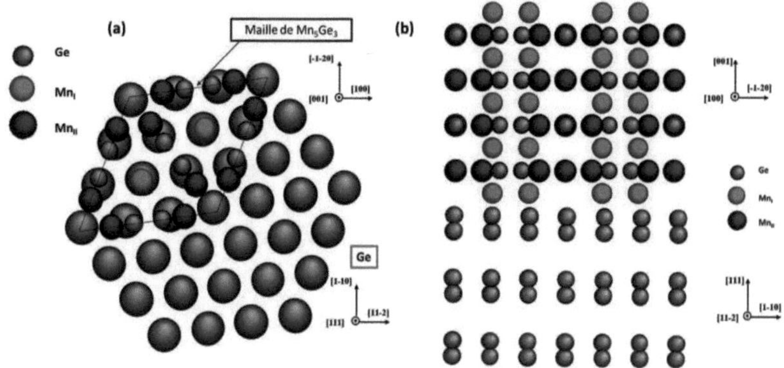

FIGURE 3.2.5 – Schéma en vue de dessus (a) et en projection selon la direction [11-2] du Ge (b) illustrant les relations d'épitaxie entre le Mn$_5$Ge$_3$ et le Ge(111). Le plan (001) du Mn$_5$Ge$_3$ est parallèle au plan (111) du substrat Ge, la direction [100] du Mn$_5$Ge$_3$ coïncide avec la direction [11-2] du substrat Ge.

Nous présentons sur la figure 3.2.5 un schéma illustrant la relation d'épitaxie entre le composé Mn$_5$Ge$_3$ et le Ge(111). Les atomes de Ge sont représentés par des cercles pleins en couleur grise tandis que les atomes de Mn sont indiqués en bleu. Les paramètres de maille de Mn$_5$Ge$_3$ sont $\sqrt{3}$ fois plus grands et la maille est tournée de 30° par rapport à celle de Ge.

L'obtention de films monocristallins de Mn$_5$Ge$_3$ sur Ge(111) a ensuite été confirmée par diffraction de rayons X (XRD). Les mesures ont été réalisées à l'IM2NP à Marseille à l'aide d'un diffractomètre Philips X'pert MPD. La figure 3.2.6 présente le spectre XRD d'une couche de 30 nm de Mn$_5$Ge$_3$ sur Ge(111) élaborée par SPE. Tout d'abord, on retrouve les deux pics des réflexions (111) et (333) correspondant à l'orientation (111) du substrat de Ge. Ensuite, on observe deux pics situés aux angles $2\theta = 35.4°$ et $2\theta = 74.5°$ qui correspondent aux réflexions observées (002) et (004) du

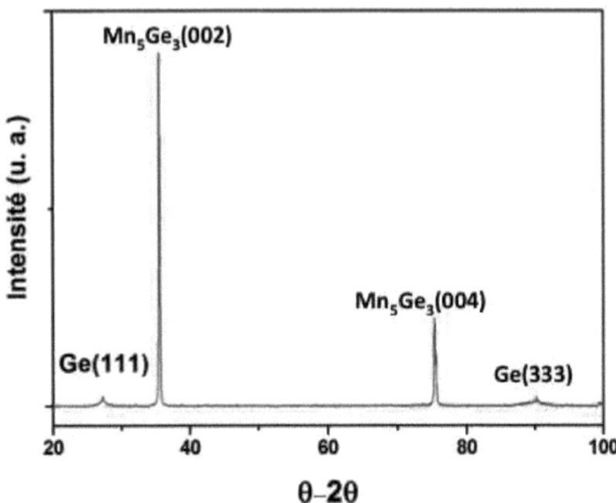

FIGURE 3.2.6 – Spectre de diffraction $\theta - 2\theta$ d'une couche de Mn$_5$Ge$_3$ élaborée par SPE. Indexation des pics Mn$_5$Ge$_3$ (002) et (004).

Mn$_5$Ge$_3$. Aucun autre pic n'a pu être détecté, démontrant encore une fois l'absence de phases cristallines secondaires dans les couches de Mn$_5$Ge$_3$. Par ailleurs, les seules réflexions des plans (002) et (004) du Mn$_5$Ge$_3$ indiquent que le plan hexagonale (001) du Mn$_5$Ge$_3$ est parallèle au plan (111) du Ge, ce qui est en accord avec la relation d'épitaxie énoncée précédemment. Il est important de noter que malgré le fait que le Mn$_{11}$Ge$_8$ est le composé le plus stable du diagramme de phase Mn-Ge, les effets d'épitaxie avec le Ge d'orientation cristalline (111) ont permis de stabiliser la phase Mn$_5$Ge$_3$, qui a la même symétrie que le substrat.

3.2.3 État de contraintes

Lors de la croissance par SPE de couches de Mn$_5$Ge$_3$épitaxiées sur Ge, une interface relativement lisse entre le Mn$_5$Ge$_3$ et le Ge et une absence de dislocations émergeantes ont pu être observées. Pourtant le désaccord de paramètre de maille entre le Mn_5Ge_3 et le Ge est relativement élevé (3.7%). Ce type de désaccord de paramètres de maille entre une couche épitaxiée et son substrat induit généralement des contraintes élastiques qui sont, le plus souvent, relaxées par l'introduction de dislocations (dislocations type coin, dislocations émergeantes...) pour des épaisseurs supérieures à une valeur critique. Celles-ci permettent à la couche épitaxiée de retrouver le paramètre de maille a_{volume} qu'elle aurait dans sa phase naturelle de volume.

De nombreux mécanismes de relaxation peuvent avoir lieu en cours de croissance, permettant de réduire l'énergie élastique emmagasinée par le film. Ces mécanismes peuvent être classés en deux catégories : des mécanismes mettant en jeu des réarrangements atomiques au sein des couches ou aux interfaces, que nous qualifierons de morphologiques et des mécanismes d'échange atomique entre couches conduisant à un mélange interfacial, donc à des interfaces moins abruptes.

L'étude des mécanismes de relaxation prenant place dans une hétérostructure peut suivre diverses approches. La première approche met en œuvre la caractérisation des défauts de relaxation ou des évolutions de morphologie aux interfaces ou en surface par des techniques d'imagerie, en particulier la microscopie électronique en transmission à haute résolution (HR-TEM). Cette méthode est particulièrement intéressante dans les hétérostructures de semi-conducteurs, où les désaccords paramétriques sont faibles et où la relaxation de l'énergie élastique se produit principalement par formation d'îlots ou par introduction de dislocations.

Dans notre cas, les observations TEM n'ont pas révélé de dislocations ou d'îlots. Nous obtenons une couche bidimensionnelle possédant une interface relativement abrupte à l'échelle atomique. A titre d'exemple, lorsqu'on dépose du Ge en épitaxie sur du Si(001), le désaccord de paramètre de maille entre le Si et le Ge de 4.2% implique une densité de dislocations de l'ordre de 10^6-10^7 dislocations/cm^2. Avec une telle densité, les observations TEM, même à très fort grandissement, révèlent la présence de ces dislocations. La figure 3.2.7 présente des observations TEM en coupe transverse des systèmes Si-Ge et Mn$_5$Ge$_3$/Ge. Ces deux systèmes possèdent des désaccords de paramètres de maille similaires, cependant la densité de dislocations dans le Si-Ge est beaucoup plus importante.

Si aucune dislocation n'est présente ou visible dans nos film de Mn$_5$Ge$_3$, plusieurs scénarios sont alors envisageables :

— soit la couche de Mn$_5$Ge$_3$ adopte le paramètre de maille du Ge. Elle est par conséquent sous contrainte (en compression).

— soit la formation d'une couche intermédiaire (Mn$_x$Ge$_y$) à l'interface entre le Ge et le Mn$_5$Ge$_3$ permet d'adapter le paramètre de maille et de relaxer les contraintes. Si cette couche est présente, elle doit être très fine (quelques monocouches) car les observations TEM n'ont pas permis de mettre en évidence ce type de composé d'interface.

— soit la couche est relaxée, mais les mécanismes de relaxation des contraintes ne sont pas connus.

La microscopie électronique n'est malheureusement pas assez précise pour déterminer si la couche mince de Mn$_5$Ge$_3$ est contrainte ou relaxée. Une seconde approche consiste à mesurer directement l'évolution de la contrainte *in situ* via des mesures de déformations dans le plan par RHEED. Ces mesures permettent, dans certains cas, d'identifier les mécanismes de relaxation.

Pour ce faire, le diagramme de diffraction est enregistré lors du dépôt,

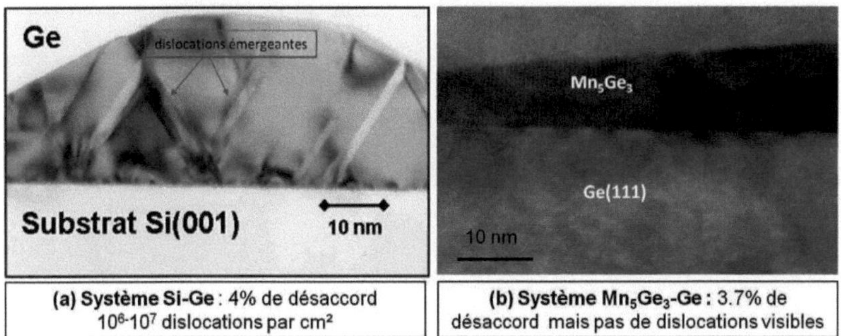

FIGURE 3.2.7 – Images TEM en coupe transverse des systèmes épitaxiés (a) Si-Ge et (b) Mn_5Ge_3/Ge. Le désaccord de paramètres de maille entre ces deux systèmes est du même ordre, alors que la densité de dislocations diffère complètement.

puis digitalisé. Il est alors possible de tirer un profil d'intensité sur les différentes tiges de diffraction. Un ajustement parabolique des points proches du maximum permet d'obtenir la position du maximum avec une précision de l'ordre de quelques pixels. L'évolution de l'espacement entre les tiges fournit des informations sur la variation du paramètre de maille dans le plan du film déposé et donc sur la relaxation du paramètre de maille dans le plan lors du dépôt. La figure 3.2.8 présente les analyses de l'évolution de l'intensité RHEED, mesurée dans une zone rectangulaire indiquée sur la figure, pour des épaisseurs du film Mn_5Ge_3 allant de 0.3 nm à 50 nm. En prenant le paramètre de maille du substrat de Ge comme référence, ces mesures indiquent que le film de Mn_5Ge_3 est partiellement relaxé pour des épaisseurs allant de 0.3 à 0.6 nm. Le Mn_5Ge_3 s'épitaxie de manière pseudomorphique, c'est-à-dire qu'il conserve partiellement le paramètre du Ge dans le plan de croissance. Cela conduit à une déformation de la maille dont les dimensions à l'équilibre sont gouvernées par les constantes de déforma-

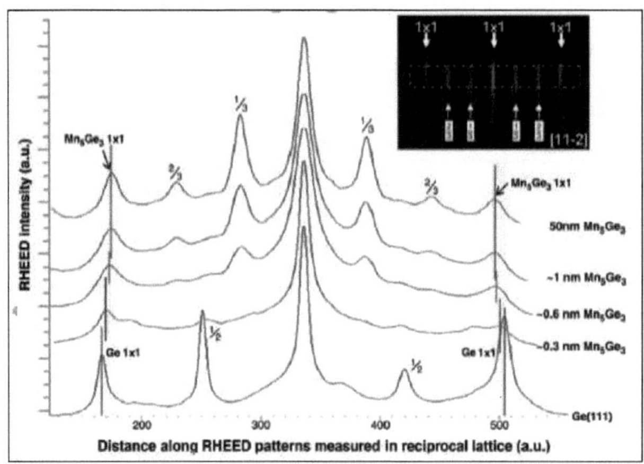

FIGURE 3.2.8 – Évolution du paramètre de maille dans le plan en fonction de l'épaisseur des couches lors de la croissance par épitaxie de Mn$_5$Ge$_3$ sur Ge(111). L'insert représente le diagramme RHEED selon la direction [11-2] dans laquelle la variation d'intensité a été mesurée.

tion élastique. Au fur et à mesure que l'épaisseur du dépôt augmentent, la relaxation des contraintes se traduit par une diminution de $d_{Mn_5Ge_3}$ vers la valeur du paramètre cristallin du Mn$_5$Ge$_3$ massif égal à 4.15 Å. À partir d'une épaisseur de 1 nm, on retrouve donc un désaccord d'environ 3.6 %, valeur correspondant au désaccord de paramètre de maille pour l'hétéro-épitaxie de Mn$_5$Ge$_3$ sur Ge(111). L'ensemble de ces résultats indique que, malgré un désaccord de paramètre de maille relativement élevé entre le Mn$_5$Ge$_3$ et le Ge(111), les films de Mn$_5$Ge$_3$ seraient relaxés à partir de 1 nm d'épaisseur.

D'après cette étude, la structure cristalline du film ne serait donc pas contrainte sur celle du germanium mais bien relaxée, d'après l'évolution du paramètre de maille des clichés RHEED. Ce résultat, en contradiction avec les analyses structurales qui ne révèlent aucune preuve de relaxation et qui démontrent l'absence de toutes dislocations émergeantes, peut partiellement s'expliquer par les limitations de notre système de mesure RHEED.

En effet, il est important de souligner que, du fait de la faible longueur de cohérence du faisceau d'électrons RHEED, de l'ordre de 20 à 40 nm, les analyses de variations de paramètres de maille par RHEED ne reflètent l'information que dans des domaines dont la dimension est inférieure à la longueur de cohérence. Il est donc probable qu'à l'échelle locale, le Mn_5Ge_3 soit relaxé, mais à l'échelle macroscopique une certaine adaptation des deux réseaux cristallins soit maintenue, permettant d'éviter l'introduction de dislocations. Cette hypothèse est soutenue par le fait que le module élastique du Mn_5Ge_3 est de 110 GPa [124] comparé à celui du Ge qui est de 70 GPa [125], ce qui favorise une déformation du réseau cristallin du Mn_5Ge_3 pour s'adapter à celui du Ge.

3.2.4 Étude de la cinétique de croissance du Mn sur Ge

La cinétique de croissance de Mn sur Ge(111) et la formation de Mn_5Ge_3 a été étudiée par spectroscopie des électrons Auger (AES). Cette technique nous a permis d'obtenir des informations sur la composition chimique en surface avant, pendant et après le dépôt de Mn. Par ailleurs, le mode de croissance de Mn sur Ge à température ambiante a pu être déterminé d'après les intensités des pics Auger détectés.

Les mesures ont été réalisées à température ambiante ($< 100°C$) dans la chambre de dépôt par MBE. Après la réalisation d'une couche tampon de Ge, l'échantillon est placé successivement devant l'analyseur Auger pour identifier l'ensemble des espèces chimiques présentes en surface, puis devant l'évaporateur de Mn pendant un temps variable. Au cours de cette expérience, les mesures ont été effectuées sur le même échantillon, la quantité de matière déposée augmentant au cours du temps de dépôt. Les hauteurs pic à pic des transitions Auger des spectres de la figure 3.2.9 ont été normalisées à l'aide des coefficients de sensibilité. Ces derniers tirés des tables Auger permettent de déterminer la composition chimique de la couche [126]. Nous avons reporté sur la figure 3.2.9 l'évolution des intensités Auger du Ge et du Mn à basse (a) et haute (b) énergie en fonction du temps.

Les principales transitions Auger sont situées 41 eV pour le Mn, 47 eV et 51 eV pour Ge concernant les basses énergies, ainsi qu'à 515 eV, 537 eV, 584 eV et 631 eV pour le Mn et 955 eV, 1048 eV, 1122 eV, 1138 eV et 1169 eV pour le Ge concernant les hautes énergies. La courbe (a) correspond à la surface de Ge après le dépôt de la couche tampon de Ge. Le Ge révèle deux pics principaux à 47 et 51 eV pour les basses énergies cinétiques et à 1167, 1136 et 1120 eV pour les hautes énergies cinétiques. L'absence de pics autres que ceux du Ge indique que la surface de Ge est exempte de toutes contaminations. En effet, aucun pic correspondant aux contaminations telles que le carbone ou l'oxygène n'est détectable à la limite de détection près, ce qui nous indique que la méthode de préparation de la surface de Ge utilisée (nettoyage chimique et thermique puis dépôt d'une couche tampon) est efficace.

Lors du dépôt de Mn à température ambiante, les intensités des pics Auger de Ge diminuent progressivement alors que celles des transitions correspondant au Mn augmentent. Le Mn possède un pic principal à 41 eV et quatre pics à haute énergie : 515 eV, 537 eV, 584 eV et 631 eV. Pour un taux de couverture de Mn de 2 nm (figure 3.2.9 (c)), l'intensité de tous les pics Auger provenant du Ge diminue très fortement à basse énergie, le

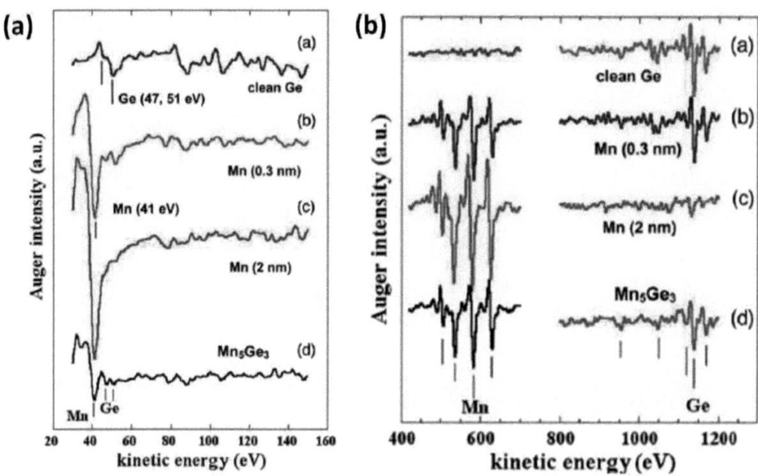

FIGURE 3.2.9 – Spectres des transitions Auger du Ge et Mn mesurés à basse énergie et haute énergie respectivement. La courbe (a) correspond à la couche tampon de Ge avant le dépôt de Mn. Les courbes (b) et (c) ont été obtenues après 40 et 300s de dépôt de Mn à température ambiante. Enfin la courbe (d) a été mesurée après un recuit à 450°C conduisant à la formation de Mn$_5$Ge$_3$. Les principales transitions Auger sont situées 41 eV (Mn), 47 eV et 51 eV (Ge) pour les basses énergies et 515 eV, 537 eV, 584 eV et 631 eV (Mn), ainsi qu'à 955 eV, 1048 eV, 1122 eV, 1138 eV et 1169 eV (Ge). L'énergie des électrons primaires est de 3 keV et l'énergie de modulation de 1eV.

spectre est essentiellement dominé par les transitions du Mn. Cependant, à haute énergie le pic du Ge situé à 1136 eV est toujours présent. Cela suggère que le Mn déposé ne couvre pas totalement le substrat et que le dépôt n'est pas continu. Deux informations principales semblent ressortir de ces spectres Auger : premièrement, le rapport d'intensité Mn/Ge calculé en fonction de la courbe (d) est de 1.3, ce qui correspond à la valeur théorique de la phase Mn$_5$Ge$_3$(1.33). Deuxièmement, aucun déplacement chimique n'a été observé lors de la formation du composé Mn$_5$Ge$_3$, les pics correspondent aux valeurs des éléments purs Mn et Ge. Ce résultat suggère que le transfert de charge entre le Mn et le Ge n'est pas significatif. La différence d'électronégativité entre le Mn et le Ge est de 0.3, valeur probablement trop faible pour induire un déplacement significatif dans les transitions Auger du Ge et du Mn lorsque le composé Mn$_5$Ge$_3$ est formé. A titre d'exemple, la différence d'électronégativité entre le silicium et l'oxygène est de 1.7, ce qui induit généralement un déplacement de 17 eV dans la transition LVV du silicium entre le Si pur et le SiO$_2$.

3.2.5 Propriétés magnétiques

Les propriétés magnétiques de couches minces de Mn$_5$Ge$_3$ épitaxiées sur Ge(111) ont été étudiées à l'aide d'un magnétomètre à échantillon vibrant (VSM) et d'un magnétomètre SQUID (Superconducting Quantum Interference Device). Ces mesures nous ont permis de déterminer les grandeurs caractéristiques du Mn$_5$Ge$_3$ telles que l'aimantation à saturation, l'anisotropie magnétique, la température de Curie. Nous mesurons ici le comportement magnétique global de l'échantillon. Par conséquent, en combinant ces mesures aux analyses structurales, on est capable d'obtenir une description relativement complète du système Mn$_5$Ge$_3$/Ge.

3.2.5.1 Comportement en champ

La figure 3.2.10 présente les propriétés magnétiques caractéristiques d'une couche mince de Mn$_5$Ge$_3$ de 40 nm élaborée dans les conditions de croissance définies précédemment. Le cycle d'hystérésis présentant un champ rémanent est bien caractéristique d'une couche ferromagnétique. L'aimantation à saturation à basse température vaut $M_{sat}(15\ \mathrm{K})=1200$

emu/cm^3 ce qui, normalisée par la quantité de manganèse donne 2.8 µ$_B$/at. de Mn . Cette valeur est en bon accord avec les valeurs données par Forsyth [116](2.72 µ$_B$/at. de Mn) et Kappel [120] (2.60 µ$_B$/at. de Mn) pour des matériaux massifs.

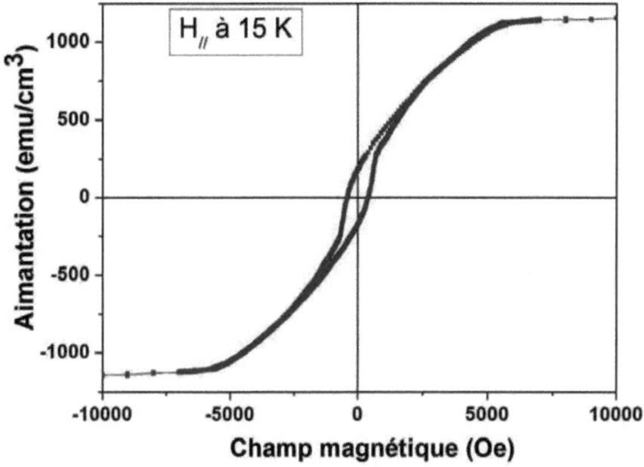

FIGURE 3.2.10 – Cycle d'hystérésis M(H) d'une couche de Mn$_5$Ge$_3$(40 nm) sur Ge(111) mesuré par SQUID à 15 K.

Les couches minces élaborées dans ces conditions ont des propriétés magnétiques relativement reproductibles avec de légères fluctuations du champ coercitif (200 − 400 Oe) et de la rémanence. En effet, il a été montré que la température de recuit lors de la formation de la phase Mn$_5$Ge$_3$ pouvait influencer les propriétés magnétiques, notamment la coercivité et la rémanence [112]. Ainsi, pour la suite, les hétérostructures étudiées seront toujours élaborées à une température de croissance de 450°C pour favoriser la reproductibilité des propriétés magnétiques.

L'anisotropie magnétique a été déterminée par des mesures de cycles d'hystérésis suivant deux orientations principales : le champ est appliqué dans le plan de la couche ou perpendiculairement à celle-ci. Ces mesures sont présentées sur la figure 3.2.11, et correspondent à la même couche de Mn_5Ge_3 de 40 nm d'épaisseurs. Des différences majeures sont notables entre la forme de ces deux cycles, ce qui indique que cette couche mince présente une forte anisotropie magnétique uniaxiale. On remarque en particulier que :

- l'aimantation rémanente M_R (aimantation résiduelle en champ nul) à 15 K est de l'ordre de 20% de l'aimantation à saturation M_{sat} en configuration parallèle alors que M_R est quasiment nulle en configuration perpendiculaire ($M_R =2\%$ de M_{Sat} à 15 K).

- la saturation est atteinte pour un champ appliqué de 0.5 T dans le plan, alors que dans la configuration perpendiculaire, il est nécessaire d'appliquer un champ de 0.8 T pour saturer l'échantillon.

- dans le plan du film, le cycle d'hystérésis est relativement carré avec un faible champ coercitif ($H_C = 300$ Oe). Par contre, lorsque le champ magnétique est perpendiculaire au plan de la couche, le champ coercitif est deux fois plus faible ($H_C = 175$ Oe) et le cycle ne présente pas de forme carrée.

On voit donc que la direction préférentielle de l'aimantation est dans le plan, et que sous champ, la couche s'aimante plus facilement dans le plan. La couche présente donc une anisotropie magnétique planaire.

Afin d'expliquer ce résultat, nous allons rappeler les différents types d'anisotropie magnétique et quantifier l'anisotropie de notre système Mn_5Ge_3 en couches minces. On distingue généralement deux types d'anisotropie magnétique en fonction de leur origine :

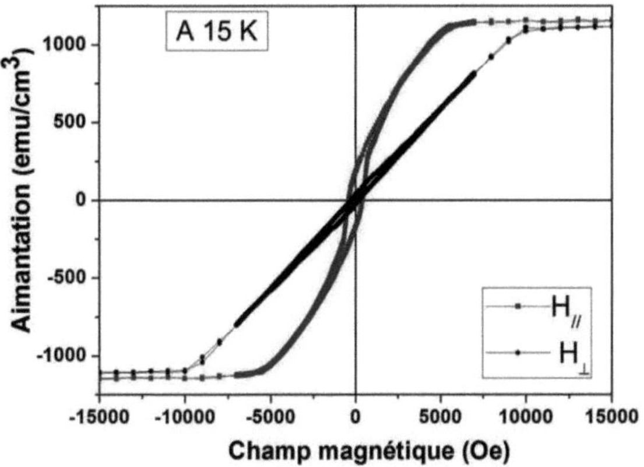

FIGURE 3.2.11 – Cycles d'hystérésis $M(H)$ d'une couche de Mn$_5$Ge$_3$(40 nm)/Ge(111) mesurée par SQUID à 15 K. Le champ magnétique est appliqué dans le plan de l'échantillon (courbe bleue) et perpendiculaire au plan du film (courbe noire).

- l'anisotropie magnétocristalline est liée à la structure cristalline du matériau. L'aimantation a généralement tendance à s'aligner avec certaines directions cristallographiques définies du cristal. L'anisotropie de surface et l'anisotropie magnétoélastique (induite par la déformation de la maille cristalline) sont des conséquences de l'anisotropie magnétocristalline.

- l'anisotropie de forme est liée à la morphologie de l'objet magnétique. Elle est induite par les interactions dipolaires à longue portée. Plus un objet est anisotrope (morphologiquement parlant), plus son anisotropie magnétique sera grande, l'aimantation ayant tendance à s'aligner avec la plus grande dimension de l'objet magnétique.

Lorsqu'un objet magnétique est dit anisotrope, on distingue généralement des directions ou des plans de facile aimantation dits axes faciles, et des directions ou des plans de difficile aimantation dits axes difficiles.

Dans notre cas, l'axe hors plan est un axe difficile, alors que l'axe de facile aimantation se trouve dans le plan basal hexagonal de nos films. Ce résultat est en accord avec les mesures magnétiques de Zeng *et al.* [11] sur des couches minces de Mn$_5$Ge$_3$. Cependant, ces mesures sont en contraste avec les mesures d'anisotropie magnétique réalisée par Tawara *et al.* sur des monocristaux de Mn$_5$Ge$_3$ [119]. En effet, l'axe de facile aimantation généralement observé dans le matériau massif est aligné avec l'axe c de la maille hexagonale du Mn$_5$Ge$_3$, du fait de l'anisotropie magnétocristalline. Dans le cas de couches minces épitaxiées, cet axe est perpendiculaire à la surface du substrat. Or, les mesures magnétiques présentées sur la figure 3.2.11 démontrent que cet axe est de difficile aimantation. Il semble donc que la compétition entre l'anisotropie magnétocristalline et l'anisotropie de forme induit ici une anisotropie résultante dans le plan de la couche. Une étude plus approfondie sur le comportement magnétique anisotrope en fonction de l'épaisseur des couches minces de Mn$_5$Ge$_3$ sur Ge sera l'objet du chapitre suivant.

3.2.5.2 Comportement en température

Afin de déterminer la température de Curie T_C, température de transition de l'ordre ferromagnétique vers un état paramagnétique, l'évolution de l'aimantation d'une couche mince de Mn$_5$Ge$_3$ de 40 nm a été étudiée en fonction de la température, de 5 K à 320 K. Cette transition résulte de la compétition entre l'énergie d'échange (qui tend à aligner les moments magnétiques) et l'agitation thermique (kT). En accord avec la figure 3.2.12, l'aimantation est maximale à température nulle, décroît avec la température et s'annule à la température de Curie (T$_C$).

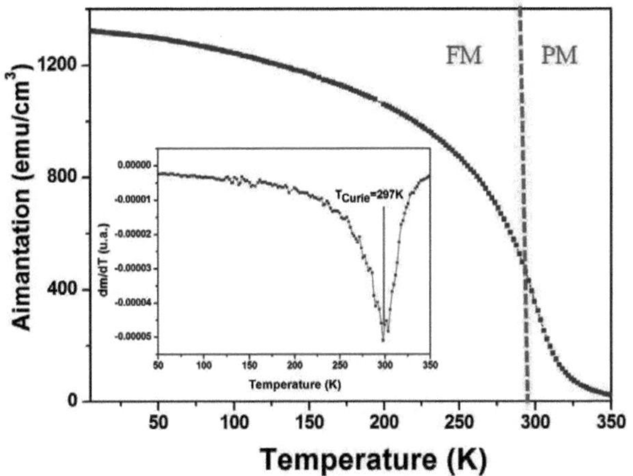

FIGURE 3.2.12 – Dépendance en température de l'aimantation à saturation M_{sat} d'une couche de Mn$_5$Ge$_3$(40 nm)/Ge(111) mesurée par SQUID avec un champ magnétique de 1 T appliqué dans le plan de la couche. La droite rouge en pointillé marque la transition d'un état ferromagnétique (FIM) à un état paramagnétique (MM). En insert, la dérivée de l'aimantation en fonction de la température possède un pic à 297 K.

La dépendance en température de l'aimantation à saturation M_{sat} et de l'inverse de la susceptibilité magnétique $\frac{1}{\chi}$ d'une couche mince de Mn$_5$Ge$_3$ de 40 nm est représentée à la figure 3.2.13 (a) et (b) respectivement.

La susceptibilité $\chi = \frac{M}{B}$ suit la loi de Curie-Weiss (Figure 3.2.13 (b)) et la température de Curie peut être déduite expérimentalement de deux façons possibles :

— soit en effectuant la dérivée $\frac{dM}{dT}$ de la courbe $M(T)$, la température de Curie correspond alors à la température lorsque la dérivée atteint

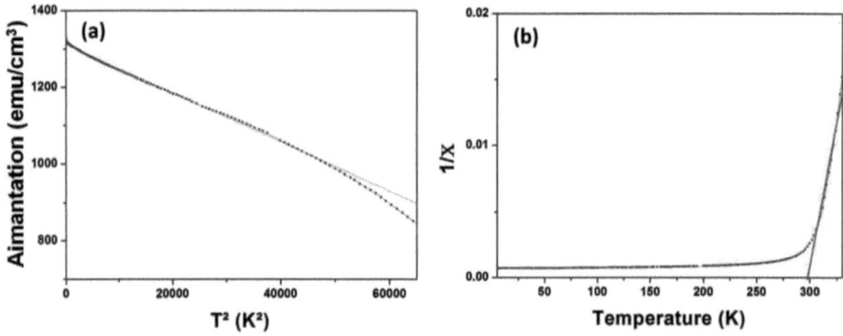

FIGURE 3.2.13 – (a) Évolution de M$_{Sat}$ en fonction de T^2. L'ajustement linéaire jusqu'à environ 220 K suit la relation : $\Delta M(T)/\Delta M(0)$. (b) Dépendance en température de l'inverse de la susceptibilité magnétique $\frac{1}{\chi}$, la droite rouge correspond à l'ajustement linéaire au-delà de T$_C$ et permet de déterminer T$_C$= 297 K par extrapolation.

son minimum (insert figure 3.2.13(a))

— soit en effectuant un ajustement linéaire au-delà de la température de Curie sur la figure 3.2.13 (b), l'intersection de ce cet ajustement avec l'axe des abscisses correspond alors à T$_C$.

Dans les deux cas, on trouve une température de Curie T$_C$ = 297 K, soit la même température de Curie que le matériau massif [95]. La gamme de températures mesurées $(5 - 350$ K) ne nous permet pas de mettre en évidence la dépendance en T$^{3/2}$ de l'aimantation spontanée M_S, censée refléter l'excitation des ondes de spins indépendantes. À la place, nous obtenons une dépendance quasiment parfaite en T^2 jusqu'à 200 K comme le montre la figure 3.2.13 (a). La chute de l'aimantation en T^2 au-delà de 200 K provient probablement des fluctuations à basse fréquence et à des longueurs d'ondes importantes de l'aimantation ou d'excitations multiples des interactions entre ondes de spin [127].

3.2.6 Propriétés électriques

Jusqu'à maintenant, nous avons démontré que les propriétés structurales, l'état d'interface et les caractéristiques magnétiques du couple Mn_5Ge_3 /Ge répondent partiellement aux critères d'injection de spin : film ferromagnétique à température ambiante possédant une interface abrupte avec le Ge, sans composés d'interface. Il est désormais indispensable de déterminer le comportement électrique et la nature du contact Mn_5Ge_3/Ge afin de savoir si ce système convient à la réalisation de dispositifs d'injection de spin.

3.2.6.1 Résistivité du Mn_5Ge_3

La résistivité d'une couche de Mn_5Ge_3 de 40 nm d'épaisseur a été mesurée à l'aide d'un appareil Physical Properties Measurement System (PPMS) de Quantum Design au laboratoire AIST, Tsukuba, Japon. La méthode alternative 4 points classique utilisée ici a permis de réaliser une mesure absolue de la résistivité de l'échantillon en minimisant les résistances de contact et les forces électromotrices parasites provoquées par les effets thermoélectriques.

Les échantillons de Mn_5Ge_3 ont été préparés sous la forme de barrettes dont les caractéristiques sont $\sim 0.5 \times 2 \times 3$ mm. Les fils de mesure en or (d'un diamètre de 20 µm) sont soudés directement sur l'échantillon par soudure par points. La soudure est réalisée par décharge électrique à l'aide d'un micro-manipulateur commandant une fine pointe en tungstène.

Les mesures sont ensuite effectuées en plaçant les contacts selon la longueur de l'échantillon parallèle au plan hexagonal du cristal. La figure 3.2.14 montre l'évolution en température $(10 - 350$ K$)$ de la résistivité de l'électrode de Mn_5Ge_3. L'augmentation de la résistivité en augmentant la température et la linéarité des $I(V)$ sont caractéristiques d'un composé métallique. La résistivité est de l'ordre de 25 µΩ.cm à 10 K. Ces résultats démontrent le caractère métallique du Mn$_5$Ge$_3$ et sont en accord avec les données de la littérature [11, 61]. On peut également observer un changement de pente au niveau de la température de transition ferromagnétique. Ce changement apparaît vers $295 - 300$ K ce qui est en bon accord avec la température de Curie déterminée précédemment.

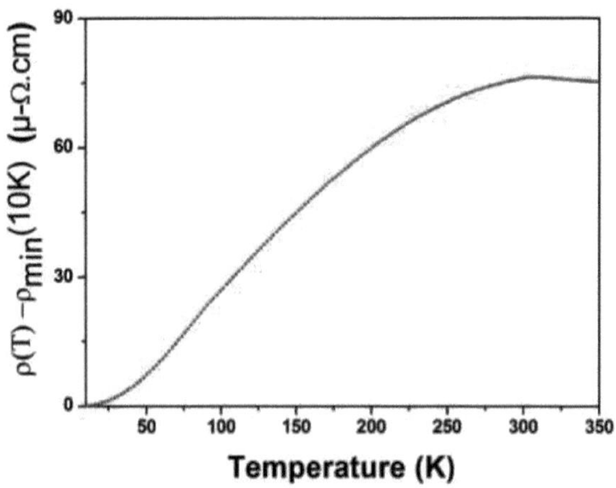

FIGURE 3.2.14 – Dépendance en température de la résistivité d'une couche de Mn$_5$Ge$_3$. ρ_{min} correspond à la résistivité minimum mesurée à $T = 10K$.

3.2.6.2 Nature du contact Mn$_5$Ge$_3$/Ge

L'interface entre le Mn$_5$Ge$_3$ et le Ge joue un rôle essentiel dans le transport polarisé en spin car c'est l'endroit obligé par où circulent les électrons polarisés en spin. Un mauvais état d'interface entraînera une dépolarisation des spins, il est donc nécessaire de contrôler au mieux cette zone et s'assurer qu'elle possède le moins de défauts possibles.

Afin d'examiner la qualité de l'interface et de déterminer la nature du contact des couches de Mn_5Ge_3 épitaxiées sur Ge, des mesures $I(V)$ ont été effectuées sur une structure type diode. En effet, la sensibilité électrique est beaucoup plus élevée que celle de n'importe quelle autre technique de caractérisation, en particulier elle est supérieure de plusieurs ordres de grandeurs à celle de la microscopie TEM qui est une technique très locale. Le schéma de la structure utilisée pour évaluer la hauteur de la barrière Schottky (Schottky Barrier height SBH) est présentée sur la figure 3.2.15. Sur un substrat de Ge(111) de type n, une couche tampon de Ge non dopé a été déposée. Ensuite, une couche d'environ 100 nm de Mn_5Ge_3 a été élaboré par la technique d'épitaxie en phase solide, puis encapsulée par 20 nm d'Au afin de protéger la couche ferromagnétique de l'oxydation et d'établir un premier contact ohmique. L'autre contact ohmique s'effectue en face arrière par un dépôt d'une couche d'In.

La réalisation de diodes Schottky d'un diamètre de $9 \times 10^{-3} cm^2$ a ensuite été effectuée en collaboration avec le Pr. Nozaki, au laboratoire Electrical Engineer à Tokyo, Japon. Les techniques de microfabrication classiques ont été employées pour réaliser la diode.

Mesure courant-tension $I(V)$

L'extraction de la hauteur de la barrière Schottky (Schottky Barrier Height SBH) grâce aux caractéristiques courant-tension $I(V)$ est probablement la méthode la plus utilisée. L'objectif de ce paragraphe est donc de présenter cette méthode pour évaluer la hauteur de la barrière Schottky entre le Mn_5Ge_3 et le Ge. De cette grandeur va dépendre très fortement l'efficacité d'injection de spin dans le Ge.

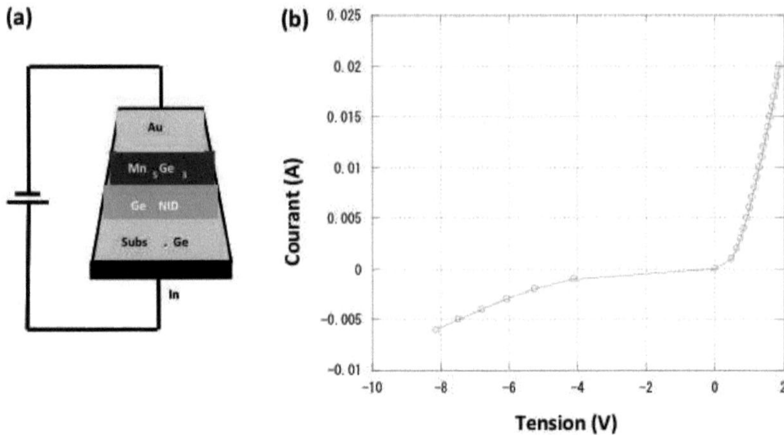

FIGURE 3.2.15 – (a) Schéma de la structure utilisée pour la caractérisation courant-tension $I(V)$. (b) Caractéristiques courant-tension $I(V)$ obtenues pour la structure Mn$_5$Ge$_3$/Ge utilisée.

Pour extraire une valeur correcte de la SBH, il est nécessaire que le contact Mn$_5$Ge$_3$/Ge opère en émission thermo-électronique afin d'utiliser les équations qui s'y rapportent. L'expression générale caractéristique $I(V)$ pour une diode Schottky s'écrit :

$$I = A^*.S.T^2.\exp(-\frac{q(\phi_b - \Delta\phi_b)}{kT}).\exp(\frac{q(V - RI)}{kT}) \qquad (3.2.1)$$

avec S l'aire de la jonction, ϕ_b la hauteur de la barrière Schottky, $\Delta\phi_b$ l'abaissement de la barrière due à la force image et R la résistance en série associée au Ge entre les contacts. Puisque A^* et ϕ_b sont dépendants de la tension appliquée, on introduit la facteur n appelé facteur d'idéalité, qui tient compte de la dépendance de la barrière avec la température ou la tension appliquée. L'expression de la caractéristique $I(V)$ est alors souvent exprimée comme suit :

$$I = A^*.S.T^2.\exp(-\frac{q\phi_{b0}}{kT}).\left[\exp(\frac{q(V-RI)}{nkT})-1\right] \qquad (3.2.2)$$

En première approximation pour une caractéristique $I(V)$ dans le sens direct avec $V > \frac{3kT}{q}$, le courant s'écrit $I \sim \exp(\frac{qV}{nkT})$, il est alors possible d'extraire le coefficient d'idéalité n :

$$n = \frac{q}{kT}\frac{\partial V}{\partial(\ln I)} \qquad (3.2.3)$$

L'extrapolation du courant pour un potentiel nul donne le courant de saturation I_S, et la hauteur de la barrière Schottky peut alors être déterminée par l'expression suivante :

$$\phi_{b0} = \frac{kT}{q}.\ln(\frac{A^*.S.T^2}{I_S}) \qquad (3.2.4)$$

Cette technique offre de bons résultats pour des hauteurs de barrière conséquentes où le courant thermo-électronique est suffisamment faible pour que la chute de tension due à la résistance en série du Ge soit modérée. Cependant, cette technique offre aussi certains points faibles :

- la surface de la diode S et A^* étant connus, l'extraction de la hauteur de la barrière en polarisation directe dépend de la valeur du coefficient d'idéalité. S'il est proche de l'unité, le courant est le courant d'émission thermo-électronique qui vérifie la relation 3.2. Lorsque n est supérieur à l'unité, l'émission thermo-électronique n'est plus forcément le mécanisme prépondérant, un courant par émission de champ ou par génération/recombinaison n'est plus négligeable. Les équations précédentes ne sont alors plus valables.

- pour des hauteurs de barrière très faibles sur des substrats faiblement dopés, la résistance série du Ge prend de l'importance par rapport à celles liés au contact Schottky, l'évaluation de la SBH devient alors imprécise.

- cette technique de mesure impose la formation d'un contact ohmique de plus faible résistance de contact possible de façon à jouer le rôle de second contact électrique. Or pour des SBH faibles, la valeur de la résistance spécifique de contact peut être du même ordre de grandeur que celle du contact Schottky, rendant délicat l'extraction de la SBH.

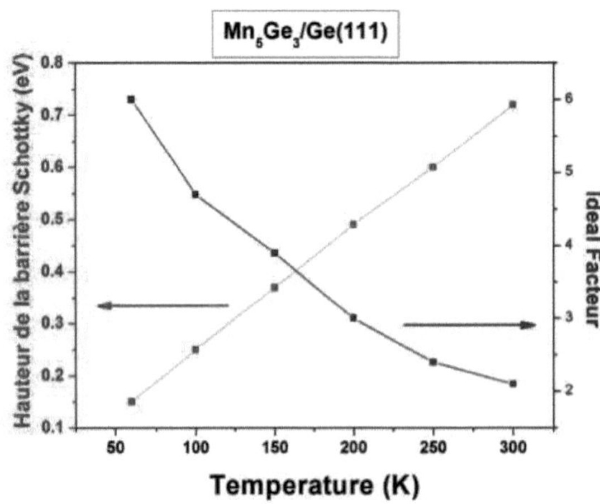

FIGURE 3.2.16 – (Courbe rouge) Évolution de la hauteur de la barrière Schottky (SBH) en fonction de la température. (Courbe bleue) Évolution du facteur d'idéalité en fonction de la température.

Dans notre cas, ce sont les premières mesures déstinées à l'évaluation de la hauteur de la barrière Schottky du système Mn$_5$Ge$_3$/Ge. Il faut donc rester prudent quant à l'interprétation de ces mesures et à l'extraction de la SBH. Une des toutes premières informations obtenues à partir de ces mesures concerne la nature du contact Mn$_5$Ge$_3$/Ge : les résultats démontrent clairement le comportement Schottky de la jonction Mn$_5$Ge$_3$/Ge.

Par ailleurs, la surface de la diode S et A^* étant connus, il a été possible d'extraire la hauteur de la barrière en polarisation directe, c'est-à-dire dans la partie linéaire de la courbe $I(V)$. Nous rappelons que la valeur de la SBH est fonction du coefficient d'idéalité. Cependant, n étant supérieur à l'unité, l'émission thermo-électronique n'est plus forcément le mécanisme prépondérant, il est par conséquent difficile de conclure dans le cas de nos mesures. L'ordre de grandeur de la SBH mesurée pour notre système est cependant en bon accord avec les données de la littérature pour des jonctions métal/Ge [128, 12].

3.3 Conclusions

Dans ce chapitre, nous avons montré que la technique d'épitaxie en phase solide (SPE) permet d'élaborer des couches minces de Mn$_5$Ge$_3$ sur Ge(111). L'optimisation des conditions de croissance a abouti à l'obtention du composé Mn$_5$Ge$_3$, matériau métallique, ferromagnétique à température ambiante et stable sous forme de films minces sur Ge(111).

L'étude en microscopie électronique en transmission d'échantillons élaborés par SPE a mis en évidence le caractère monocristallin des films de Mn$_5$Ge$_3$ épitaxiés sur Ge. Les observations TEM à haute résolution combinées aux mesures XRD montrent une très bonne qualité structurale avec une orientation cristalline unique. Ces analyses ne révèlent pas la présence de phases intermédiaires entre les deux matériaux. Malgré un désaccord de paramètres de maille de 3.7% entre le Mn$_5$Ge$_3$ et le Ge, une interface particulièrement abrupte a été observée et aucune dislocation émergeante n'a pu être observée dans tous les échantillons réalisés. L'état de contraintes dans la couche ferromagnétique due aux relations d'épitaxie avec le susbstrat n'a cependant pas pu être déterminé de façon concluante. Des mesures complémentaires utilisant des techniques aux grands instruments sont nécessaires pour répondre aux questions d'état de contraintes et/ou de mécanismes de relaxation des contraintes .

Nous nous sommes également intéressés aux propriétés magnétiques du couple Mn$_5$Ge$_3$/ Ge. Nous avons pu observer des températures de Curie de l'ordre de la température ambiante ($T_C = 297$ K) et un moment magnétique de 2.8 μ_B/ atome de Mn, valeurs en bon accord avec les résultats d'autres groupes [119, 11, 120]. La comparaison des cycles d'hystérésis suivant le plan du film et perpendiculaire au plan du film (selon l'axe [001]) a mis en évidence une anisotropie magnétique uniaxiale : l'axe facile d'aimantation se situe dans la plan du film pour un échantillon de 40 nm d'épaisseur. Contrairement au matériau massif qui possède un axe facile le long de l'axe cristallographique [001], les films minces épitaxiés ont une anisotropie magnétique planaire. Les origines de ce comportement particulier seront l'objet du chapitre suivant à travers une étude de l'anisotropie magnétique en fonction de l'épaisseur des couches de Mn$_5$Ge$_3$.

Enfin, les premières mesures électriques indiquent un caractère métallique et des mesures $I(V)$ ont permis de déterminer la nature du contact Mn$_5$Ge$_3$/Ge. Un comportement Schottky a été observé et la hauteur de la barrière Schottky a été évaluée à 0.75 eV à 300 K.

La possibilité d'épitaxier des couches minces de Mn$_5$Ge$_3$ sur Ge(111) ouvre la voie pour l'intégration de ce composé en tant qu'injecteur de spin dans un semi-conducteur du groupe IV. Les propriétés structurales, magnétiques et électroniques des échantillons réalisés sont résumées dans le tableau 3.3 et démontre le potentiel du Mn_5Ge_3 comme candidat pour des applications en électronique de spin.

Caractéristiques de couches minces de Mn_5Ge_3 sur Ge(111)	
Structure cristallographique	Maille hexagonale de structure $D8_8$
Croissance	Croissance par MBE par épitaxie en phase solide (SPE)
Interface avec le Ge	Lisse, quelques monocouches atomiques Pas de dislocations émergeantes
Température de Curie	297 K
Moment magnétique	2.8 μ_B/atomes de Mn
Anisotropie magnétique	Aimantation dans le plan de la couche (anisotropie magnétique de forme) $K_{eff}=2.1\times10^5$ J.m^{-3}
Conductivité	Caractère métallique (25$\mu\Omega$.cm à 10 K)
Nature du contact Mn_5Ge_3/Ge	Comportement Schottky
Hauteur de la barrière Schottky	0.75 eV à 300K

TABLE 3.3 – Caractéristiques principales des couches minces de Mn_5Ge_3 épitaxiées sur Ge(111).

Chapitre 4

Étude de l'anisotropie magnétique en fonction de l'épaisseur des couches de Mn$_5$Ge$_3$ sur Ge

Nous venons d'étudier les propriétés structurales et magnétiques de couches minces de Mn$_5$Ge$_3$ sur Ge(111) d'épaisseurs inférieures à 40 nm. L'optimisation des conditions de croissance par la méthode de dépôt par épitaxie en phase solide (SPE) nous a permis d'obtenir une bonne qualité structurale et des caractéristiques magnétiques reproductibles. À travers cette étude, nous avons démontré que les couches minces de Mn$_5$Ge$_3$ présentent un axe de facile aimantation dans le plan de la couche, résultat foncièrement différent de l'anisotropie magnétique observée dans le matériau massif. Une étude approfondie sur l'évolution de l'anisotropie de Mn$_5$Ge$_3$ sur Ge en fonction l'épaisseur semble donc indispensable pour une meilleure compréhension de ce système.

Par conséquent, ce chapitre est dédié à l'étude de l'origine de l'anisotropie magnétique observée dans les couches minces de Mn$_5$Ge$_3$. Le but est d'établir des corrélations entre les effets de l'épaisseur et les propriétés magnétiques des films minces de Mn$_5$Ge$_3$. Dans un premier temps, nous présenterons les propriétés structurales des films minces de Mn$_5$Ge$_3$ en *fonction de l'épaisseur en mettant l'accent sur la qualité cristalline. Ensuite, l'influence de l'épaisseur sur l'anisotropie magnétique sera étudiée à l'aide des mesures de cycles d'aimantation planaire et perpendiculaire. Pour finir, nous interpréterons les résultats magnétiques obtenus en passant en revue les différentes sources d'anisotropie pouvant exister dans ces couches minces, et nous soulignerons les différences par rapport au matériau massif.*

4.1 Objectifs

Le but de ce travail de thèse est l'étude du système Mn_5Ge_3/Ge en vue d'une utilisation pour l'injection de spin dans les semi-conducteurs. Or la réalisation de tels dispositifs nécessitent la compréhension et la maîtrise d'un certain nombre de caractéristiques telles que la structure cristalline, les propriétés magnétiques, ou encore les propriétés de transport. Parmi ces caractéristiques, l'anisotropie magnétique est un point particulièrement important qu'il est nécessaire d'appréhender pour le bon fonctionnement d'un dispositif pour l'électronique de spin.

Lors de l'élaboration des couches minces de Mn_5Ge_3 sur Ge(111), une anisotropie magnétique dans le plan de la couche a été mise en évidence pour les faibles épaisseurs (< 40 nm) [129, 11]. Ce résultat est radicalement différent de l'anisotropie magnétique uniaxiale observée dans le matériau massif. En effet, le Mn_5Ge_3 massif possède un axe de facile aimantation le long de l'axe c [119], ce qui reviendrait à avoir une anisotropie magnétique perpendiculaire dans nos couches épitaxiées. Ce type de comportement magnétique dans les couches minces a déjà été observé avec d'autres systèmes [130, 131, 132]. Cependant, les explications ne sont pas toujours très claires.

L'origine de l'anisotropie magnétique reste donc une question fondamentale dans l'étude des films minces ferromagnétiques.

Dans les couches minces, l'environnement cristallin des atomes du matériau est souvent modifié par rapport au matériau massif, induisant une anisotropie magnétique spécifique. Dans certains cas, l'anisotropie magnétique planaire peut s'expliquer par une énergie démagnétisante prépondérante qui force l'aimantation de la couche dans le plan de celle-ci pour les faibles épaisseurs (quelques nm) [133, 134]. En théorie, cette anisotropie peut être modifiée en augmentant l'épaisseur des couches. On s'attend ainsi à observer un basculement de l'axe de facile aimantation hors du plan lorsque l'épaisseur des couches atteint une valeur critique, ce qui revient à supprimer l'effet d'anisotropie magnétique de forme. La question qui se pose alors dans le cas du Mn_5Ge_3 est : à partir de quelle épaisseur de Mn_5Ge_3 retrouve-t-on les propriétés du matériau massif ?

L'objectif de ce chapitre consiste donc en la croissance de films minces de Mn_5Ge_3 d'épaisseurs importantes (jusqu'à 185 nm) afin d'étudier l'évolution de l'anisotropie magnétique. Nous verrons que les couches minces de Mn_5Ge_3 sur Ge révèlent un comportement magnétique original mais relativement complexe.

4.2 Élaboration de couches de Mn_5Ge_3 d'épaisseurs variables

Dans un premier temps, nous présentons les résultats des analyses structurales réalisées sur des couches minces de Mn_5Ge_3 de quelques nm à 185 nm d'épaisseur.

4.2.1 Croissance

Afin d'étudier les propriétés magnétiques du Mn_5Ge_3 en fonction de l'épaisseur des couches, nous avons utilisé la technique de dépôt par épitaxie en phase solide (SPE). En effet, cette méthode était particulièrement bien maîtrisée et les conditions de croissance parfaitement connues dans la chambre MBE utilisée tout au long de cette thèse.

Après l'étape de préparation de la surface de Ge(111) décrite au chapitre 2 (paragraphe 2.1.4.), des dépôts de Mn d'épaisseurs variables ont été effectués afin d'obtenir des films de Mn_5Ge_3 de différentes épaisseurs : 8, 27, 40, 66, 80, 150, 170 et 185 nm. Après le dépôt de Mn à température ambiante, un recuit thermique à 450°C conduit à la formation de la phase Mn_5Ge_3 comme le montrent les diagrammes RHEED présentés sur la figure 4.2.1. Ces clichés enregistrés après le recuit suivant les deux azimuts [11-2] et [1-10] présentent la reconstruction caractéristique du Mn_5Ge_3 $(\sqrt{3} \times \sqrt{3})R30°$. L'apparition de ces tiges de reconstruction $\frac{1}{3}$ et $\frac{2}{3}$ permet de s'assurer que le film est entièrement formé. En effet, la technique par SPE mettant en jeu des mécanismes de diffusion, lorsque le Mn_5Ge_3 apparaît en surface, on peut raisonnablement supposer que la totalité du Mn a été consommé par le Ge provenant du substrat pour former le composé Mn_5Ge_3.

Les diagrammes RHEED présentent toujours des tiges, indiquant une croissance bidimensionnelle et la formation d'un film continu, même pour des épaisseurs importantes (quelques centaines de nm). Cependant, les clichés deviennent un peu plus diffus au fur et à mesure que l'on augmente l'épaisseur des films. Cela est probablement dû à la rugosité de surface qui doit augmenter avec l'épaisseur du film, comme nous allons le démontrer par des analyses TEM dans le paragraphe suivant.

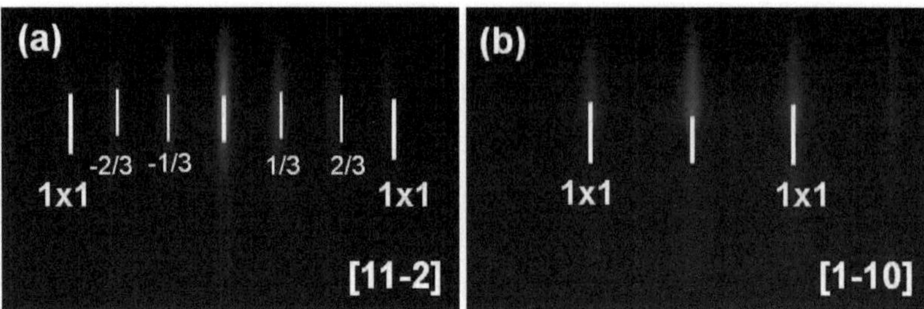

FIGURE 4.2.1 – Clichés RHEED suivant les directions [11-2] (a) et [1-10] (b) d'une couche de 185 nm de Mn_5Ge_3 sur Ge(111). La reconstruction $(\sqrt{3}\times\sqrt{3})R30°$ est caractéristique de la phase Mn_5Ge_3.

4.2.2 Propriétés structurales

Après cette étape de croissance, l'ordre structural en volume en fonction de l'épaisseur des films a été finement analysé par des observations par microscopie électronique en transmission (TEM). La figure 4.2.2 (a) présente une image à faible grandissement de la même couche de 185 nm de Mn_5Ge_3 sur Ge que celle dont sont tirés les clichés RHEED de la figure 4.2.1. On observe là encore un film continu et monocristallin, confirmant les clichés RHEED obtenus. L'épaisseur de la couche est relativement uniforme, cependant la rugosité augmente légèrement avec l'épaisseur du film. Elle passe de 2 nm pour une couche de 40 nm à environ 5 nm pour une couche de 185 nm, ce qui explique l'obtention de diagrammes RHEED plus diffus pour cette gamme d'épaisseur. Par ailleurs, on observe une interface relativement lisse sur une grande distance.

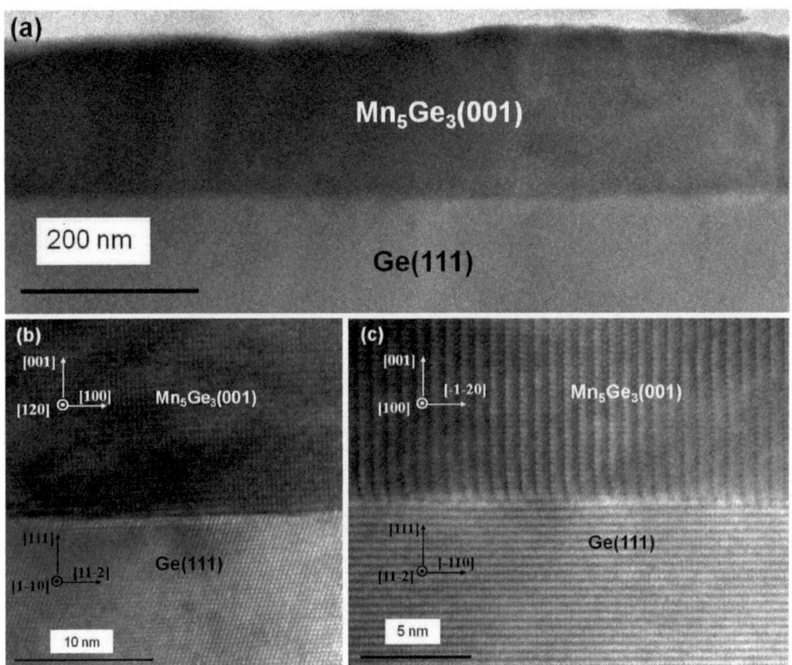

FIGURE 4.2.2 – (a) Image TEM en coupe transverse à faible grossissement d'une couche de 185 nm de Mn_5Ge_3 sur Ge(111). (b et c) Images TEM à haute résolution de l'interface de la même couche de Mn_5Ge_3 avec le Ge(111).

Des images TEM à haute résolution sont présentées sur la figure 4.2.2 (b et c) et confirment la qualité de l'interface ainsi que l'absence d'éventuels défauts. L'interface Mn_5Ge_3/Ge est encore une fois encore d'excellente qualité, abrupte et plane à grande échelle, sans dislocations émergeantes visibles. Aucune phase secondaire n'a pu être détectée dans aucun de nos films. Ainsi, une croissance à une température d'environ 450°C assure l'obtention de films "épais" de Mn_5Ge_3 structurellement ordonnés en volume sur Ge(111). Il est important de souligner qu'à notre connaissance, aucun système d'hétéroépitaxie de si fort désaccord de paramètres de maille est capable de produire des films à cette gamme d'épaisseur sans dislocations émergeantes. Rappelons que dans le système Si-Ge ayant 4.2% de désaccord de paramètre de maille, l'épaisseur critique au-delà de laquelle a lieu la relaxation plastique est d'environ 4-6 nm [135].

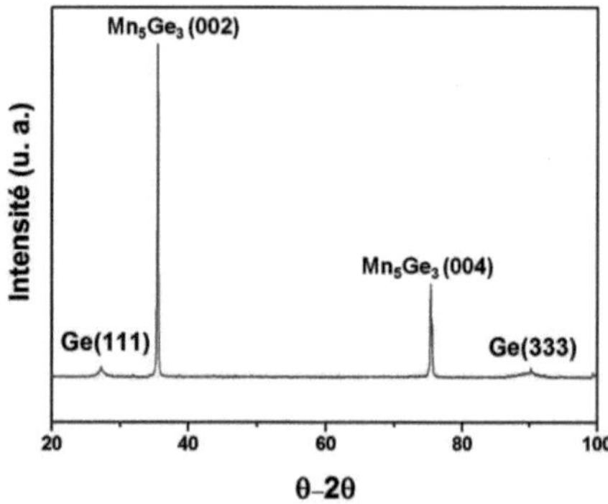

FIGURE 4.2.3 – Spectre de diffraction θ-2θ d'une couche de 185 nm de Mn_5Ge_3 épitaxiée sur Ge(111) élaborée par SPE.

Les couches de Mn_5Ge_3 ont ensuite été étudiées par diffraction des rayons X (XRD). Les mesures $\theta-2\theta$ représentées à la figure 4.2.3 ont été effectuées sur un échantillon de 185 nm d'épaisseur. Le spectre de diffraction montre que la seule orientation de croissance observée est la direction [001], direction imposée par l'épitaxie de la couche Mn_5Ge_3 parallèle au Ge(111). Ce spectre de diffraction est similaire à celui obtenu pour des couches plus fines (< 40 nm d'épaisseur) et permet également d'exclure la présence de phases cristallines secondaires.

4.3 Effet de l'épaisseur sur les propriétés magnétiques

Disposant de films minces épitaxiés de Mn$_5$Ge$_3$ de quelques nm à 185 nm d'épaisseur et présentant de bonnes caractéristiques structurales, nous avons étudié les propriétés magnétiques en fonction de l'épaisseur des couches à l'aide de techniques de magnétométries classiques (VSM ou SQUID).

4.3.1 Comportement en champ

La figure 4.3.1 présente les cycles d'hystérésis obtenus par magnétométrie VSM mesurés à 15 K sur des couches de Mn$_5$Ge$_3$ de différentes épaisseurs. Afin de déterminer le comportement d'anisotropie magnétique en fonction de l'épaisseur, le champ magnétique a été appliqué dans la direction parallèle au plan du film (H$_{//}$) et perpendiculaire au plan du film (H$_\perp$). Les échantillons ont été mesurés entre -15 et $+15$ kOe.

Sur cette figure, on remarque qu'il est toujours nécessaire d'appliquer un champ magnétique plus important pour saturer l'échantillon en géométrie perpendiculaire qu'en géométrie planaire, et ce quelque soit l'épaisseur des films. En d'autres termes, le champ de saturation H_{sat} est toujours plus important en géométrie perpendiculaire qu'en géométrie planaire, même pour une épaisseur de 170 nm. Ce résultat, assez surprenant, indique clairement que l'axe de difficile aimantation est toujours perpendiculaire au plan de la couche. Aucun basculement n'est visible, même pour une épaisseur de 170 nm. Par ailleurs, très peu de changement sont visibles en configuration perpendiculaire, la forme du cycle évolue très peu. Il semblerait donc que les processus de retournement d'aimantation en champ perpendiculaire soient

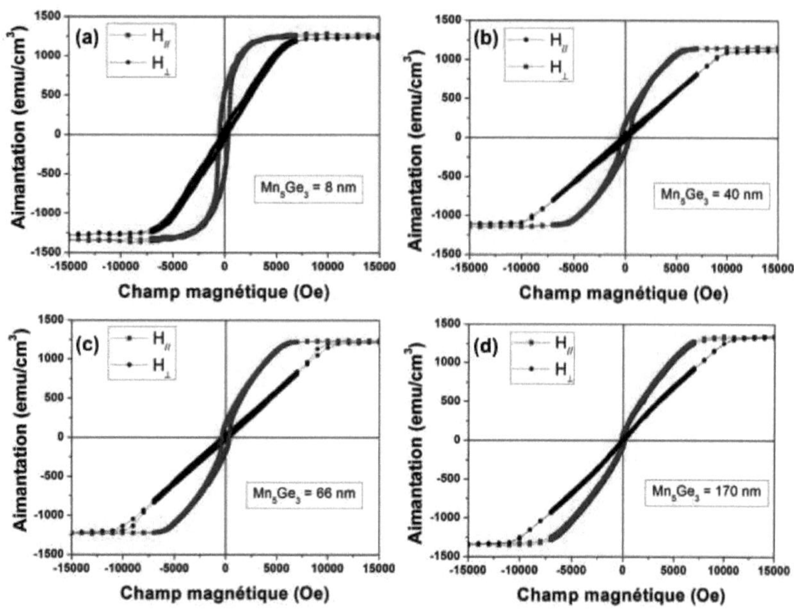

FIGURE 4.3.1 – Cycles d'hystérésis de couches de Mn_5Ge_3 de 8, 40, 66 et 170 nm d'épaisseurs épitaxiées sur un substrat de Ge(111). Les mesures ont été effectuées par VSM à 15 K. Le champ magnétique est appliqué dans le plan de la couche ($H_{//}$) et perpendiculaire ($H_\perp$) de la couche.

les mêmes.

Afin d'étudier l'évolution du cycle d'hystérésis en fonction de l'épaisseur en configuration parallèle, trois épaisseurs représentatives ont été tracées sur la figure 4.3.2 : 8 nm, 66 nm et 170 nm.

Des différences importantes sont notables dans la configuration parallèle (Fig. 4.3.2 (a)) : la forme du cycle d'hystérésis change en fonction de l'épaisseur de la couche. En effet, sur cette figure, on observe un cycle quasi-rectangulaire pour une couche de 8 nm, alors que pour des épaisseurs

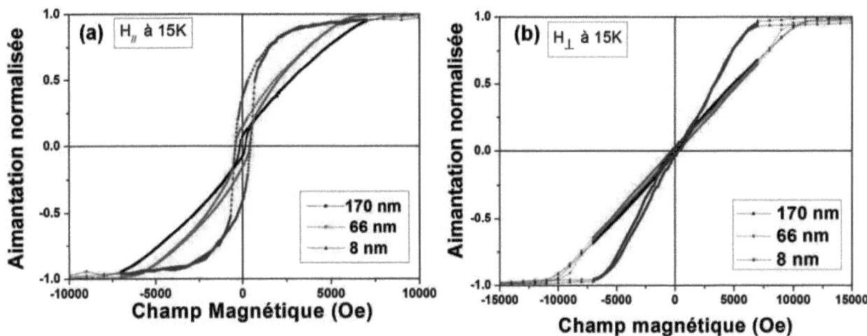

FIGURE 4.3.2 – Cycles d'hystérésis de couches de Mn$_5$Ge$_3$ de 8, 66 et 170 nm d'épaisseurs épitaxiées sur un substrat de Ge(111) mesurés par VSM à 15 K. Le champ magnétique est appliqué dans le plan (a) et perpendiculaire au plan de la couche (b).

plus importantes, le cycle devient de plus en plus petit. Il semble que la forme quasi-rectangulaire du cycle se déforme progressivement avec l'augmentation de l'épaisseur du film. Par ailleurs, il est nécessaire d'appliquer un champ magnétique de plus en plus important afin de saturer l'aimantation de l'échantillon. Ce résultat indique qu'il est de plus en plus difficile de saturer l'échantillon lorsque l'épaisseur de la couche augmente en configuration parallèle. Lorsque le champ magnétique est appliqué en configuration perpendiculaire (cf Fig. 4.3.2 (b)), il est également nécessaire d'appliquer un champ magnétique plus important pour saturer une couche de 66 nm d'épaisseur que pour une couche de 8 nm. Néanmoins, ce champ de saturation devient stable pour les fortes épaisseurs (> 50 nm) puisque les deux courbes (66 nm et 170 nm) se superposent. L'axe de difficile aimantation demeure toujours perpendiculaire au plan de la couche.

Afin de vérifier que l'axe de facile aimantation se situe toujours dans le plan du film, nous avons effectué des mesures en champ sur une couche de

170 nm de Mn$_5$Ge$_3$ en changeant l'orientation du champ magnétique appliqué H avec un pas de 10°. Le champ magnétique H$_{//}$ correspond au champ magnétique appliqué dans le plan de la couche. La figure 4.3.3 confirme bien le comportement anisotrope de nos couches minces avec un axe de facile aimantation qui est toujours dans le plan de la couche.

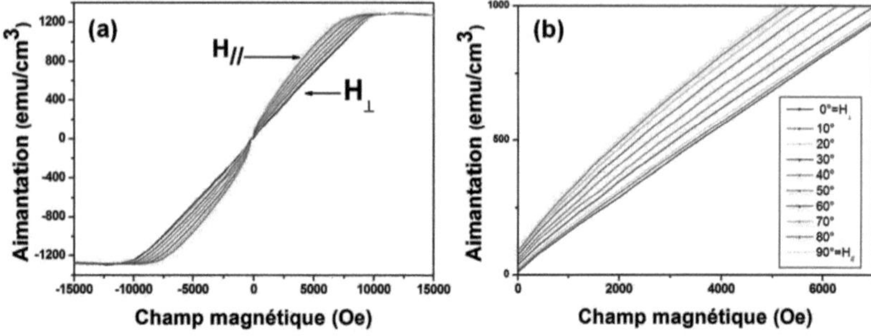

FIGURE 4.3.3 – (a) Cycles d'hystérésis d'une couche de 170 nm de Mn$_5$Ge$_3$ épitaxiée sur Ge(111) mesurées par SQUID à 5 K. Les mesures ont été répétées en changeant l'orientation du champ magnétique appliqué H avec un pas de 10°, H$_{//}$ correspondant à un champ magnétique appliqué dans le plan du film et H$_\perp$ perpendiculaire au plan du film. (b) Agrandissement de la figure (a) pour 0$\leq$H$\leq$ 7000 Oe.

Afin de déterminer si l'axe de facile aimantation est isotrope dans le plan de la couche, nous avons effectué des mesures en changeant l'orientation du champ magnétique dans le plan des couches (ces mesures ne sont pas présentées ici). Les cycles d'aimantation n'évoluent pas de façon significative, ce qui indique que le plan de la couche est un plan de facile aimantation.

Pour résumer, aucun basculement de l'axe facile d'aimantation n'a été observé pour des épaisseurs allant jusqu'à 185 nm. Ce résultat est assez original, puisque pour d'autres systèmes ferromagnétiques présentant ce type d'anisotropie planaire, il existe toujours une épaisseur critique h_c à partir de laquelle l'axe de facile aimantation bascule hors du plan pour rejoindre l'axe facile du matériau massif [133, 134].

4.3.2 Paramètres magnétiques intrinsèques

Afin d'établir des comparaisons avec le matériau massif Mn$_5$Ge$_3$, nous avons étudié l'évolution des paramètres magnétiques intrinsèques des couches minces de Mn$_5$Ge$_3$ en fonction de leur épaisseur.

4.3.2.1 Variation de l'aimantation à saturation M_{sat}

A partir des courbes d'aimantation en champ parallèle qui ont été présentées dans le paragraphe précédent, nous avons accès à la mesure de l'aimantation à saturation du Mn$_5$Ge$_3$ en fonction de l'épaisseur de la couche sur un substrat de Ge(111). Les résultats sont reportés sur la figure 4.3.4.

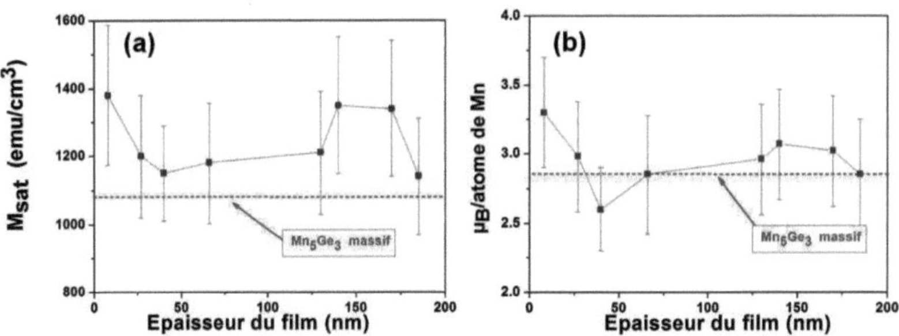

FIGURE 4.3.4 – Évolution de l'aimantation à saturation M_{sat} (a) et du moment magnétique par atome de Mn (b) en fonction l'épaisseur de la couche de Mn$_5$Ge$_3$ sur Ge(111). La valeur du massif est indiquée par la ligne horizontale en rouge pointillé. Le moment magnétique µ$_B$ est calculé en magnétons de Bohr pour une maille de Mn$_5$Ge$_3$.

Il est également possible de calculer le moment magnétique moyen porté par atome de Mn à partir de l'aimantation à saturation, de l'épaisseur de la couche et de la surface de l'échantillon mesuré. Les valeurs calculées sont présentées sur la figure 4.3.4 et sont comparables avec les valeurs déterminées dans des travaux précédents (2.7 μ_B/ atome de Mn) [11, 120].

Ces mesures sont essentiellement entachées de deux erreurs : l'erreur de mesure de l'aimantation inhérente au VSM qui est estimée à 5% et l'erreur de mesure du volume de la couche (principalement due à l'erreur sur la mesure de la surface de l'échantillon) estimée à 10%. Nous pouvons dire, aux incertitudes de mesure près, que ces valeurs de M_{sat} (1200-1300 emu/cm^3) sont proches de celles obtenues pour le matériau à l'état massif (1069 emu/cm^3) [120].

4.3.2.2 Sur le champ de saturation H_{sat}

Quel que soit le processus de propagation des parois magnétiques lorsqu'on applique un champ magnétique à un échantillon, l'aimantation à saturation (M_{sat}) est atteinte pour un certain champ, appelé champ de saturation H_{sat}.

La variation du champ de saturation H_{sat} en fonction de l'épaisseur de la couche de Mn_5Ge_3 est présentée dans la figure 4.3.5. Comme nous l'avons déjà remarqué auparavant, les résultats montrent que ce champ est minimum pour les faibles épaisseurs, puis il augmente en fonction de l'épaisseur. Lorsqu'on applique un champ magnétique dans le plan de la couche, on observe tout d'abord une augmentation linéaire de H_{sat} qui passe de 2 à 6 kOe pour des épaisseurs de 8 à 25 nm. Au-delà d'une épaisseur de 25 nm, H_{sat} semble se stabiliser et atteint une valeur de 9 kOe pour une épaisseur de

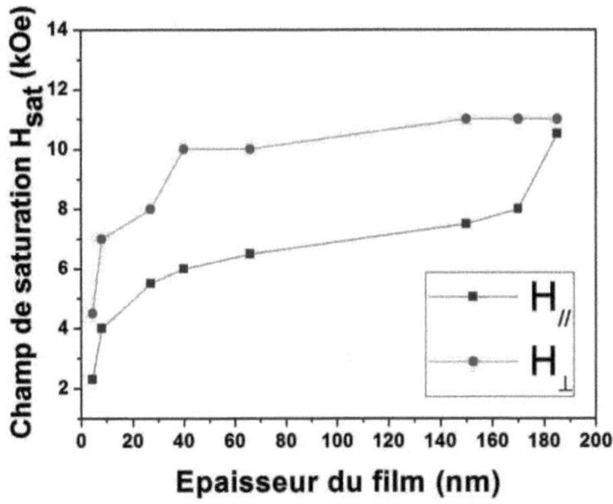

FIGURE 4.3.5 – Variation du champ de saturation H_{sat} en configuration parallèle ($H_{//}$) et perpendiculaire ($H_\perp$) en fonction de l'épaisseur de la couche de Mn_5Ge_3.

film de 185 nm. Lorsque le champ magnétique appliqué est perpendiculaire au plan du film, l'allure de H_{sat} en fonction de l'épaisseur est la même. Un écart constant d'environ 4 kOe est maintenu entre les deux courbes pour des épaisseurs comprises entre 40 et 170 nm, indiquant que sur cette gamme d'épaisseurs, il est toujours plus difficile de saturer l'échantillon en géométrie perpendiculaire. Par contre, pour une épaisseur de 185 nm, il est aussi difficile de saturer l'échantillon en configuration planaire que perpendiculaire. L'anisotropie magnétique pour une telle épaisseur devient très faible, suggérant que l'anisotropie magnétique de forme devient de moins en moins prépondérante lorsque l'épaisseur de la couche augmente. 0

4.3.2.3 Sur le champ coercitif H_C

Un des résultats intéressants obtenus pendant la caractérisation magnétique des couches de Mn_5Ge_3 est la réduction du champ coercitif H_C lorsque l'épaisseur de la couche mince augmente. La figure 4.3.6 montre l'évolution du champ coercitif du Mn_5Ge_3 en fonction de l'épaisseur des films. H_C possède un maximum vers 20 nm puis diminue avec l'épaisseur. Ces effets dépendent d'une manière générale de la nature de l'échantillon, mais dans la littérature, il n'y a pas de lois de variation précises pour décrire cette dépendance.

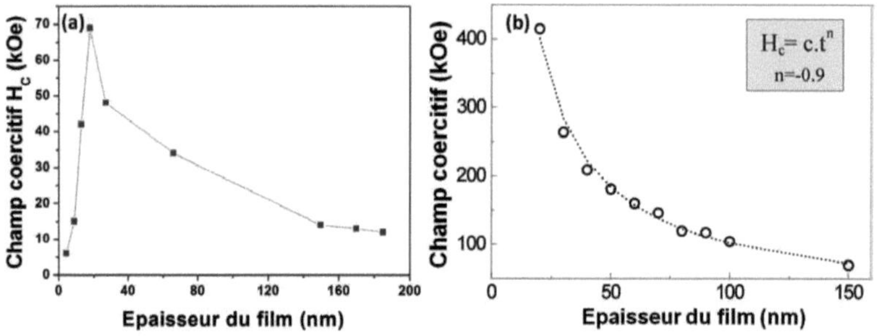

FIGURE 4.3.6 – Variation du champ coercitif en configuration parallèle en fonction de l'épaisseur de la couche de Mn_5Ge_3 (a) et du Co (b) [136] .

Le processus de retournement étant corrélé au champ nécessaire pour déplacer les parois, pour déterminer la loi de variation de la dépendance du champ coercitif avec l'épaisseur des couches minces, il faut tenir compte de la modification de l'énergie des parois avec cette épaisseur. Généralement, lorsque l'épaisseur des couches diminue, l'augmentation de l'énergie du champ démagnétisant du système détermine une augmentation de l'énergie de la paroi. Dans le cas d'un modèle simple, qui considère des parois de Bloch à 180°, la modification de l'énergie du système due au déplacement des parois conduit à une variation du champ coercitif, donnée par l'expression [137] :

$$H_c = ct^{-4/3}$$

Ici, c représente un facteur de proportionnalité dépendant de l'énergie des parois et des paramètres de matériau et t est l'épaisseur de la couche. Expérimentalement, il a été démontré une loi de variation de type [138] :

$$H_c = ct^n$$

Cette loi a été vérifiée pour plusieurs systèmes (n varie entre -1.4 et 0 étant fortement lié au conditions de préparation [139]). Nos valeurs expérimentales sont bien décrites par une loi de variation similaire, nous trouvons $n = -0.66$. Il n'existe cependant pas de valeurs dans la littérature permettant de comparer ce résultat.

4.3.2.4 Sur l'aimantation rémanente M_R

L'aimantation rémanente est également fonction de l'épaisseur de la couche mince de Mn_5Ge_3, comme nous pouvons le constater sur la figure 4.3.7.

Cette figure montre que l'aimantation rémanente diminue en fonction de l'épaisseur. Elle est maximum pour les faibles épaisseurs puis elle diminue fortement jusqu'à 40 nm pour atteindre une valeur de 200 emu/cm^3. Au-delà de cette épaisseur, l'aimantation rémanente semble relativement stable en fonction de l'épaisseur, avec des valeurs comprises entre 100 et 250 emu/cm^3.

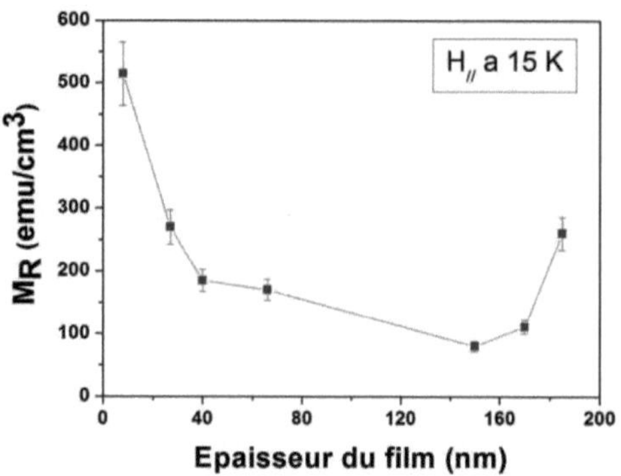

FIGURE 4.3.7 – Variation de l'aimantation rémanente M_R en fonction de l'épaisseur de la couche de Mn_5Ge_3.

4.3.3 Comportement en température

L'évolution de l'aimantation des couches de Mn_5Ge_3 de différentes épaisseurs en fonction de la température a été mesuré par SQUID. Les mesures $M(T)$ obtenues pour des couches de Mn_5Ge_3 de 27 nm, 150 nm et 185 nm sont présentées sur la figure 4.3.8 (a). Afin de comparer les courbes entre elles, l'aimantation mesurée a été normalisée. Ces trois courbes se superposent parfaitement et indiquent une température de Curie de 297 K, ce qui correspond bien à la température de transition d'un état ferromagnétique à un état paramagnétique du Mn_5Ge_3.

La température de Curie en fonction de l'épaisseur des films de Mn_5Ge_3 est présentée sur la figure 4.3.8 (b), elle n'évolue pas lorsque l'épaisseur augmente. Ce résultat combiné aux analyses structurales démontrent bien le caractère monocristallin et ferromagnétique des couches de Mn_5Ge_3.

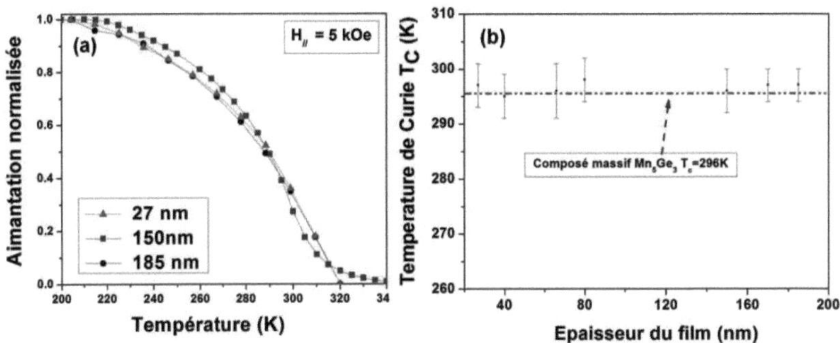

FIGURE 4.3.8 – (a) Dépendance en température de l'aimantation de trois couches de Mn$_5$Ge$_3$ sur Ge(111) mesurées par SQUID avec un champ magnétique de 5 kOe appliqué dans le plan de la couche. (b) Évolution de la température de Curie en fonction de l'épaisseur du film.

4.4 Interprétation des résultats expérimentaux du Mn$_5$Ge$_3$ en fonction de l'épaisseur

Nous présentons tout d'abord les principales énergies d'anisotropie magnétique qui permettent de rendre compte des processus d'aimantation dans les couches minces à anisotropie uniaxiale. Ce rappel nous permettra ensuite d'interpréter les mesures d'aimantation des couches minces de Mn$_5$Ge$_3$ et de d'estimer quantitativement la constante d'anisotropie effective.

4.4.1 Énergie d'anisotropie magnétique dans les couches minces

Afin d'obtenir une description complète des propriétés magnétiques de notre système, nous devons maintenant introduire la notion d'anisotropie magnétique. L'établissement de la direction de l'aimantation dans un matériau est un problème de minimisation d'énergie. L'origine microscopique de l'anisotropie magnétique est double : la première est due à l'interaction dipolaire qui est une interaction à longue portée et qui va conduire à l'anisotropie de forme, et la seconde est l'interaction spin-orbite. Cette dernière provient de l'interaction du spin de l'électron avec le réseau cristallin. Pour les films minces, ces deux interactions (dipolaire et spin-orbite) vont jouer un rôle très important.

Lorsqu'un matériau possède une aimantation non nulle, différents termes d'énergie vont apparaître suivant la forme de l'échantillon, la nature du matériau et la direction du champ magnétique appliqué et la minimisation de cette énergie magnétique va permettre de déterminer l'axe d'aimantation privilégié.

Lorsque le système possède une aimantation uniforme, l'énergie d'anisotropie magnétique (E_{tot}) totale peut se définir comme :

$$E_{tot} = E_z + E_d + E_{mc} + E_{me} \qquad (4.4.1)$$

- E_z est l'énergie de Zeeman. Elle représente l'interaction de l'aimantation avec un champ magnétique extérieur.

- E_d est l'énergie de champ démagnétisant. Elle est due à la forme de l'échantillon et a pour origine l'interaction dipolaire entre l'aimantation et le champ induit appelé champ démagnétisant H_d. Le calcul de ce champ créé par l'aimantation de la couche permet d'évaluer son énergie. Lorsque la distance entre les interfaces diminue, ce champ devient alors prépondérant dans les calculs d'énergie d'anisotropie totale du système. Pour un film ultra-mince avec une densité d'aimantation uniforme, elle prend la forme de :

$$E_d = V K_{dip} \cos^2 \theta \qquad (4.4.2)$$

où $K_{dip} = \frac{\mu_0}{2} M_{sat}^2$ est la constante dipolaire avec M_{sat} l'aimantation de l'échantillon et θ est l'angle entre la direction de l'aimantation et la normale au plan de l'échantillon. Cette énergie est minimum quand l'aimantation est parallèle au plan de la surface ($\theta = \frac{\pi}{2}$).

- E_{mc} est l'énergie magnétocristalline. Elle est directement liée aux symétries propres du cristal (E_{mcv}), à la présence d'une surface ou d'interface (E_{mcs}) lorsque la symétrie du cristal est rompue (multicouches, hybridation des orbitales d'interfaces). Elle est donnée par la relation suivante :

$$E_{mc} = E_{mcv} + E_{mcs} \qquad (4.4.3)$$

Dans un cristal de symétrie hexagonale et de volume V, l'énergie d'anisotropie à l'ordre 2 s'écrit :

$$E_{mcv} = V K_{mcv} \sin^2 \theta \qquad (4.4.4)$$

où K_{mcv} est la constante d'anisotropie magnétocristalline de volume à l'ordre deux et θ est l'angle entre la direction de l'aimantation et l'axe c, ce qui correspond à l'angle entre la direction de l'aimantation et la normale au plan du film dans le cas de nos couches de Mn_5Ge_3 épitaxiées sur $Ge(111)$. En pratique, les termes d'ordre supérieur à 2 sont négligés. Comme cette énergie ne dépend que d'un seul axe de symétrie elle est dit uniaxiale.

L'anisotropie magnetocristalline de surface ou d'interface s'exprime comme suit :

$$E_{mcs} = SK_{mcs}\sin^2\theta \qquad (4.4.5)$$

Où S est la surface de l'échantillon considéré et K_{mcs} est la constante d'anisotropie magnétocristalline de surface ou d'interface à l'ordre deux. Elle résulte de la brisure de symétrie à la surface du métal où l'environnement atomique est différent de celui des atomes du volume [140]. Cette anisotropie peut être uniaxiale ou planaire et parallèle à la normale à la surface (S).

- E_{me} est l'énergie d'anisotropie magnétoélastique. Elle résulte des contraintes dans l'échantillon qui peuvent être dues par exemple aux désaccords des paramètres de maille cristalline entre le film adsorbé et le substrat. Pour un film qui a subi une déformation homogène, cette densité d'énergie d'anisotropie magnétoélastique est donnée par :

$$E_{me} = VK_{me}\sin^2\theta \qquad (4.4.6)$$

où K_{me} est la constante d'anisotropie magnétoélastique qui dépend des déformations dans le film.

De façon générale, il est très délicat de déterminer séparément les différentes constantes d'anisotropie. Pour simplifier la description, on utilise des constantes d'anisotropie effective K_{eff}. Dans notre cas, l'expression de la constante d'anisotropie effective K_{eff} est donnée par la formule suivante :

$$K_{eff} = K_{mcv} + \frac{2K_{mcs}}{d} + K_{me} - K_{dip} \qquad (4.4.7)$$

L'état d'équilibre du système est obtenu en minimisant son énergie totale et cette minimisation de l'énergie conduit généralement à la formation des domaines magnétiques. Chaque domaine magnétique possède une aimantation spontanée mais l'aimantation résultante n'a pas la même direction d'un domaine à l'autre de sorte qu'au niveau macroscopique, il n'y a pas forcément de moment résultant (en l'absence de champ appliqué). Les domaines magnétiques sont séparés par des parois magnétiques à travers lesquelles l'orientation des moments magnétiques change progressivement d'un domaine à l'autre [141].

Lors du confinement des dimensions du système ferromagnétique suivant une ou plusieurs directions, Lorsqu'une paroi sépare deux domaines orientés antiparallèlement, elle est appelée paroi à 180° et ce type de paroi est spécifique pour les systèmes à symétrie uniaxiale [142].

4.4.2 Détermination expérimentale de la constante d'anisotropie effective du Mn_5Ge_3

Pour décrire l'influence de l'épaisseur sur l'anisotropie des films minces de Mn_5Ge_3, nous allons tenter d'estimer qualitativement et quantitativement la constante d'anisotropie effective. Pour ce faire, on ne considère que les contributions de volume (anisotropie de forme et anisotropie magnétocristalline de volume) et de surface (anisotropie de surface). En effet, la configuration magnétique dans les films minces est principalement gouvernée par la compétition entre les énergies du champ démagnétisant et d'anisotropie magnétocristalline, les autres énergies (énergie magnétoélastique et de Zeeman et énergie d'échange) étant négligées. En réduisant les dimensions du système, la contribution relative des différents termes à l'énergie totale change [143] : l'énergie magnétostatique E_d va détenir un rôle de plus en plus important dans l'équilibre énergétique. Nous avons vu, en début de chapitre, que l'expression de l'énergie d'anisotropie magnétique totale à l'ordre 2 est donnée par :

$$E = V K_{eff} \sin^2 \theta \qquad (4.4.8)$$

Dans notre cas, en négligeant l'énergie d'anisotropie magnétoélastique, on obtient alors l'expression de la constante d'anisotropie effective K_{eff} :

$$K_{eff} = K_{mcv} + \frac{2K_{mcs}}{d} - K_{dip} = K_u - K_{dip} \qquad (4.4.9)$$

où V le volume du film est tel que $V = S \times d$ où S et d sont respectivement la surface et l'épaisseur du film. K_{mcv} et K_{mcs} sont les constantes d'anisotropie de volume et d'interface à l'ordre 2. K_u représente la constante d'anisotropie uniaxiale telle que $K_u = K_{mcv} + \frac{2K_{mcs}}{d}$. Le facteur 2 vient du fait qu'on suppose que dans le cas d'un sandwich les interfaces du film sont identiques, ce qui est en réalité rarement le cas.

Nous nous intéressons ici à la direction de l'aimantation dans une couche mince de Mn$_5$Ge$_3$. La direction de l'axe de facile aimantation est alors déterminée par le signe de la constante d'anisotropie effective K_{eff} :

$$K_{eff} = K_u - K_{dip} = K_u - 2\pi M_{Sat}^2 \qquad (4.4.10)$$

Le matériau est donc caractérisé par son aimantation à saturation M_{sat} et par sa constante d'anisotropie magnétocristalline K_u. Deux cas se présentent alors :

- $K_u > 2\pi M_{Sat}^2$: c'est le cas des fortes anisotropies magnétocristallines uniaxiales, l'axe de facile aimantation est perpendiculaire au plan de la couche mince. Le vecteur aimantation est dirigé suivant la normale au plan, et l'on observe en général une configuration en "domaines magnétiques" qui permet au système d'abaisser son énergie magnétostatique : la couche mince est divisée en zones dans lesquelles le vecteur aimantation pointe vers l'une ou l'autre des faces. La taille latérale de ces domaines magnétiques dépend de l'épaisseur de la couche mince.

- $K_u < 2\pi M_{Sat}^2$: c'est le cas des faibles anisotropies uniaxiales. Pour les faibles épaisseurs, la direction de l'aimantation est dans le plan de la couche mince ; au dessus d'une épaisseur critique h_C, il se développe généralement une structure en "rubans", où l'aimantation pointe alternativement vers l'une ou l'autre des faces de la couche mince [136]. Cette structure est en fait très similaire à la structure en domaines magnétiques d'une couche mince à aimantation perpendiculaire, les parois entre domaines étant plus étendues et ne se distinguant plus des domaines, lorsque l'anisotropie est plus faible.

A partir de considérations thermodynamiques, on peut montrer que la valeur de K_{eff} peut être évaluée à partir des courbes d'aimantation mesurées dans un champ magnétique appliqué dans le plan de la couche mince et perpendiculairement à celui-ci [144]. La constante d'anisotropie effective est ainsi donnée par la différence d'aire au-dessus des courbes d'aimantation $M(H)$ obtenues en champ parallèle et perpendiculaire :

$$K_{eff} = \int\limits_0^{sat} (M_\parallel - M_\perp)dB \qquad (4.4.11)$$

Sur la figure 4.4.1, nous avons représenté les cycles d'hystérésis de deux couches de Mn_5Ge_3 de 8 et de 185 nm d'épaisseur. Sur cette figure, la différence d'aire au-dessus des courbes d'aimantation $M(H)$ obtenues en champ parallèle et perpendiculaire diminue lorsque l'épaisseur de la couche augmente. En effet, pour une épaisseur de 185 nm (cf Fig. 4.4.1 (b)), on constate que les courbes en configuration planaire ou perpendiculaire sont presque superposables : il faut le même champ magnétique pour saturer l'échantillon. La constante d'anisotropie effective doit donc être très faible, l'aire entre les deux courbes étant petite.

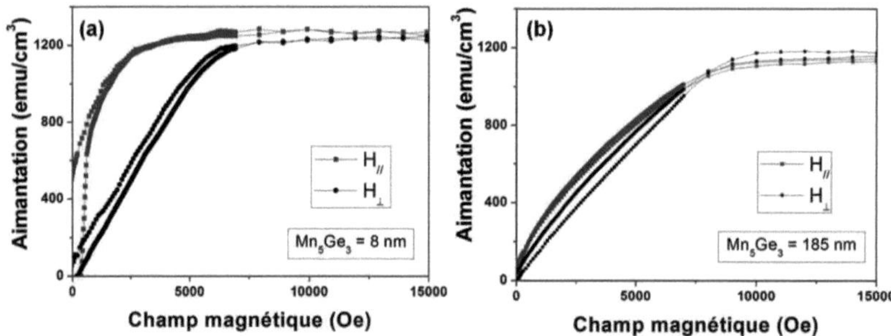

FIGURE 4.4.1 – Cycles d'hystérésis d'une couche de Mn_5Ge_3 de 8 nm (a) et de 185 nm (b) d'épaisseur mesurés à 15 K. Le champ magnétique est appliqué dans le plan de la couche ($H_{//}$) et perpendiculaire ($H_\perp$) de la couche.

Les calculs de K_{eff} déterminés par cette méthode donne $K_{eff} = -2.9 \times 10^6$ erg.cm^{-3} pour une couche de 8 nm (cf Fig. 4.4.1 (a)) et $K_{eff} = -0.2 \times 10^6$erg.cm^{-3} pour une épaisseur de 185 nm (cf Fig. 4.4.1 (b)). Ainsi, pour tous les échantillons d'épaisseurs inférieures à 185 nm, la constante d'anisotropie effective K_{eff} est toujours négative : l'axe de facile aimantation reste dans le plan des couches.

Nous avons représenté l'évolution de la constante d'anisotropie effective K_{eff} en fonction de l'épaisseur des couches sur la figure 4.4.2 (a). K_{eff}

est toujours négative jusqu'à des épaisseurs de 185 nm et elle augmente avec l'épaisseur jusqu'à une valeur proche de 0 pour une couche de 185 nm d'épaisseur.

Par ailleurs, nous avons vu que l'aimantation à saturation M_{Sat} des couches de Mn_5Ge_3 reste relativement constante jusqu'à une épaisseur de 185 nm. Afin de calculer la constante d'anisotropie de forme d'une couche mince, nous prenons une valeur moyenne $M_{Sat} = 1200$ emu/cm^3. On peut alors calculer simplement K_{dip} par la formule suivante :

$$K_{dip} = 2\pi M_{Sat}^2 = 9.8 \times 10^6 \text{ erg.cm}^{-3}$$

La constante d'anisotropie magnétocristalline est alors déductible et donne pour une couche de 8 nm :

$$K_u = K_{eff} + 2\pi M_{Sat}^2 = -2.9 \times 10^6 + 9.8 \times 10^6 = 6.9 \times 10^6 \text{ erg.cm}^{-3}$$

D'après la littérature, la constante d'anisotropie magnétocristalline du composé Mn_5Ge_3 massif est $K_{mcv} = 4.2 \times 10^6$ erg.cm^{-3} [119]. La valeur déterminée expérimentalement est plus élevée que la valeur donnée par Tawara *et al.*. Cet écart peut provenir d'une contribution non négligeable de l'anisotropie de surface (ou d'interface) qui varie avec l'inverse de l'épaisseur du film. Plus l'épaisseur est importante, plus ce terme devient négligeable. Ce terme va dépendre de la rugosité de surface, du désaccord de paramètres de maille entre le substrat et le film pouvant induire une énergie magnétoélastique de surface [?]. Les résultats de Tawara *et al.* étant effectués sur de gros monocristaux, l'écart constaté pour la valeur expérimentale de K_u peut être expliqué par une énergie d'anisotropie de surface non négligeable dans les films minces.

En prenant la valeur de la littérature [119] : $K_{mcv} = 4.2 \times 10^6$ erg.cm^{-3}, et la valeur de K_u déterminée expérimentalement : $K_u = 6.9 \times 10^6$erg.cm^{-3}, il est possible de déterminer la valeur de la constante d'anisotropie de surface :

$$K_{mcs} = \frac{(K_u - K_{mcv})d}{2} \tag{4.4.12}$$

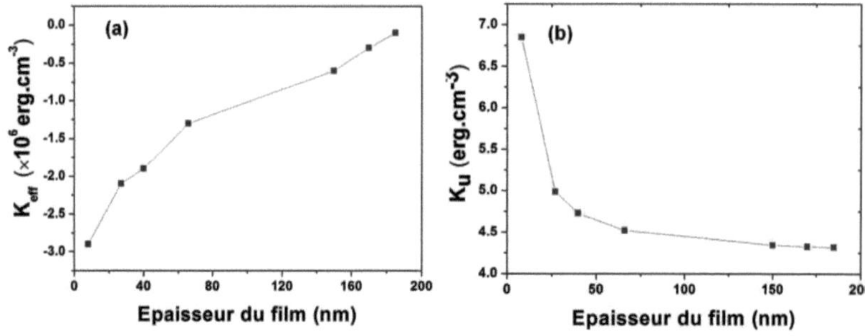

FIGURE 4.4.2 – Évolution de la constante d'anisotropie effective K_{eff} (a) et de la constante magnétocristalline uniaxiale K_u (b) en fonction de l'épaisseur des couches de Mn_5Ge_3.

En remplaçant par les valeurs numériques, on obtient une constante d'anisotropie de surface : $K_{mcs} = 10.8 \times 10^6$ erg.cm^{-2} pour une couche de 8 nm de Mn_5Ge_3. L'évolution de cette constante d'anisotropie de surface a été représentée en fonction de l'épaisseur des couches sur la figure 4.4.2 (b). On constate bien une diminution de K_{mcs} lorsque l'épaisseur augmente. Par ailleurs, on retrouve une valeur proche de la constante d'anisotropie de volume K_{mcv} pour une épaisseur de 185 nm. Ce résultat indique bien l'importance de K_{mcs} pour les faibles épaisseurs (< 150 nm) alors que cette grandeur est négligeable lorsque l'épaisseur de la couche d est importante ($K_u \sim K_{mcv}$ lorsque $d > 150$ nm).

En considérant notre valeur expérimentale $K_u = 6.9 \times 10^6$ erg.cm^{-3}, on a alors : $K_u < 2\pi M_{Sat}^2$. Nous retrouvons donc la configuration de faible anisotropie uniaxiale. Dans ce cas, il a été démontré l'existence d'une épaisseur critique h_C : en dessous de cette épaisseur, l'aimantation est dans le plan de la couche mince ; au dessus de cette épaisseur, une réorientation de l'aimantation du plan vers la perpendiculaire à la couche se produit. C'est par exemple le cas du cobalt. En effet, les travaux de Prejbeanu *et al.* réalisés sur des couches minces de Co ont permis de déterminer expérimentalement les valeurs suivantes : $K_u = 5 \times 10^6$ erg.cm^{-3} et $M_{sat} = 1400$ emu.cm^{-3} [145]. Nous sommes bien dans le cas où $K_u < 2\pi M_{Sat}^2$. Les couches minces de Co d'une épaisseur inférieure à cette épaisseur critique h_c possède une anisotropie magnétique dans le plan de la couche. Cet effet est principalement du à l'anisotropie magnétique de forme. Au-delà d'une épaisseur $h_c = 25$ nm, des structures en domaines composées de bulles, de bandes ou de labyrinthes selon l'histoire magnétique sont observées [134]. Les tailles de domaines peuvent atteindre 50 nm, 20 à 200 fois plus petites que celles des domaines traditionnels visualisés dans les grenats de Co.

4.4.3 Facteur de qualité Q

Un paramètre indicatif de l'intensité de l'anisotropie magnétocristalline d'un système est le facteur de qualité Q [146] :

$$Q = \frac{K_u}{2\pi M_{Sat}^2} \tag{4.4.13}$$

Ce facteur représente le rapport entre l'énergie magnétocristalline et l'énergie démagnétisante. Il certifie si l'anisotropie magnétocristalline est suffisamment forte pour que les moments magnétiques soient ou non orientées suivant sa direction au voisinage des surfaces. Ainsi, pour $Q > 1$, l'aimantation sort du plan à toute épaisseur, c'est à dire pour une énergie d'anisotropie, K_u supérieure à l'énergie de champ démagnétisant, $-2\pi M_{Sat}^2$. Quand le facteur de qualité est compris entre 0 et 1, on peut trouver une épaisseur critique h_C, au delà de laquelle l'aimantation sort aussi du plan.

Dans notre cas, on trouve $Q = \frac{7.1}{2\pi \times (1.3 \times 10^6)^2} = 0.6$

A titre d'exemple, le facteur de qualité d'une couche de FePd (001) est de l'ordre de 0.4. A faible épaisseur (< 30 nm), l'aimantation est dans le plan et l'aimantation rémanente planaire est de 100% c'est-à-dire égale à l'aimantation à saturation. Au-delà de l'épaisseur critique, l'aimantation en champ nul sort du plan en ondulant de part et d'autre de celui-ci. L'aimantation rémanente planaire n'est plus de 100% et il faut un champ planaire de plus en plus important pour atteindre la saturation. L'épaisseur critique correspond à l'épaisseur pour laquelle l'aimantation rémanente décroche de l'aimantation à saturation, vers 30 nm dans le cas du FePd. C'est aussi l'épaisseur limite en dessous de laquelle de domaines magnétiques en microscopie de force magnétique ont pu être observés [133]. Par ailleurs, une forte augmentation du champ coercitif au passage de l'épaisseur critique est observée alors que la tendance avant et après celle-ci est à la diminution.

D'après notre étude expérimentale, nous trouvons plusieurs similitudes avec le système FePd :

- tout d'abord, l'épaisseur pour laquelle l'aimantation rémanente s'éloigne fortement de la valeur de l'aimantation à saturation est d'environ 15-20 nm (cf Fig. 4.3.7).

- il faut un champ planaire de plus en plus important pour atteindre la saturation (cf Fig. 4.3.5). En effet, lorsque l'épaisseur augmente, la valeur du champ de saturation augmente. On peut penser que l'augmentation de l'épaisseur, à partir d'une valeur critique d'environ 40 nm, contribue à augmenter les défauts susceptibles de gêner la mobilité des parois de domaines.

- enfin, d'après la figure 4.3.6 une forte augmentation du champ coercitif est observée vers 20 nm alors que H$_C$ diminue avant et après cette épaisseur, comportement très proche de ce qui a été observé dans les couches de FePd [133].

Lors de la description de cycles d'aimantation majeurs, il apparaît assez clairement qu'il existe une transition dans le comportement magnétique vers 20 nm. Cependant, aucun basculement n'a été observé à de telles épaisseurs, suggérant que les mécanismes en jeu sont plus complexes que ceux de systèmes tels que le Co ou le FePd.

4.4.4 Détermination expérimentale de la constante d' échange

La dépendance en température de l'aimantation permet non seulement d'évaluer la température de Curie mais aussi de calculer la constante d'échange $A_{echange}$ à partir de la relation suivante [147] :

$$A_{echange} = \frac{2JS^2}{a} \qquad (4.4.14)$$

où a est la distance entre deux atomes de manganèse premiers voisins, S le spin moyen porté par un atome de Mn, J est l'intégrale d'échange. En utilisant l'approximation du champ moléculaire, la constante d'échange s'écrit :

$$A_{echange} = \frac{3}{z} \frac{S}{S+1} \frac{k_B T_{Curie}}{a} \qquad (4.4.15)$$

avec z le nombre moyen de premiers voisins du Mn dans le Mn_5Ge_3, k_B la constante de Boltzman. Dans notre cas, il est difficile d'estimer a et z puisque ces deux grandeurs sont différentes selon les atomes concernés (Mn_I ou Mn_{II}). En faisant des moyennes pondérées sur le nombre de premiers voisins pour chaque types de manganèses et sur les distances les séparant, on obtient : $z = 9.2$ et $a = 2.99$ Å. Par ailleurs, le spin total est également différent pour les deux types de manganèses, nous prenons donc la valeur moyenne : $S = 2.6$.

D'après nos mesures, la température de Curie est de 297 K pour le Mn_5Ge_3. On peut alors estimer la constante d'échange, $A_{ech} = 3.2$ erg.cm^{-1}. A titre d'exemple, la constante d'échange de couches minces de Co est de $A_{ech} = 1.4$ erg.cm^{-1}[136].

Afin d'expliquer le comportement anisotrope particulier des couches de Mn_5Ge_3 en fonction de l'épaisseur, il serait intéressant d'effectuer des mesures de microscopie à force magnétique (MFM) afin de déterminer si une structure multi-domaine apparaît à partir d'une certaine épaisseur critique, comme cela a été observé dans d'autres structures ferromagnétiques [133, 134]. Malheureusement, aucune donnée sur l'existence de telles structures en domaine dans le Mn_5Ge_3 n'apparaît dans la littérature, rendant assez complexe l'interprétation des résultats expérimentaux obtenus. Si une telle structure composée de domaines existe, il serait intéressant de déterminer la taille des domaines en fonction de l'épaisseur des couches minces. Cependant, les couches de Mn_5Ge_3 possède une température de Curie de 297 K, ce qui signifie qu'à température ambiante (environ 300 K), les couches perdent leur caractère ferromagnétique. Par conséquent, aucune structure magnétique n'a pu être mise en évidence par MFM à température ambiante. Pour surmonter cet obstacle, il serait intéressant de réaliser un montage permettant de refroidir l'échantillon lors des mesures MFM (en utilisant par exemple un doigt froid refroidi à l'azote).

4.5 Conclusion

Dans ce chapitre, nous avons approfondi l'étude sur l'anisotropie magnétique des films minces de Mn_5Ge_3 sur $Ge(111)$ et analysé son évolution en fonction de l'épaisseur des films (de quelques nm à 200 nm). La qualité structurale a été analysée par RHEED, TEM et par XRD : les films demeurent épitaxiés et monocristallins même pour des épaisseurs importantes (200 nm). Aucune autre phase n'est détectable et très peu de défauts sont présents (très faible densité de dislocations) au sein de la couche. Ce résultat indique que la méthode de croissance par épitaxie en phase solide (SPE) est également adaptée à l'élaboration de films épitaxiés de Mn_5Ge_3 d'épaisseur supérieure à 100 nm.

Les propriétés magnétiques des couches de Mn_5Ge_3/Ge ont ensuite été étudiées en fonction de l'épaisseur par des mesures de cycles d'aimantation en configuration planaire et perpendiculaire. Pour de faibles épaisseurs (< 20 nm), nous observons une anisotropie magnétique planaire, contrairement au matériau massif qui possède un axe facile d'aimantation le long de l'axe c. La constante d'anisotropie effective rend compte de ce comportement anisotrope en démontrant un terme d'anisotropie magnétique de forme prépondérant comparé au terme d'anisotropie magnétocristalline. Cependant, même si une transition semble avoir lieu pour une épaisseur de 20 nm, aucun basculement de l'axe de facile aimantation n'a pu être observé, et ce même pour des épaisseurs importantes (185 nm). Nous remarquons cependant une constante d'anisotropie effective proche de 0 pour une épaisseur de 185 nm, suggérant un basculement de l'axe de facile aimantation hors du plan de la couche pour des épaisseurs supérieures à cette valeur. Cependant, il est à noter que pour des épaisseurs au-delà de 185-200 nm, il devient difficile d'obtenir des films uniformes et homogènes au niveau structural.

Le comportement magnétique original du système Mn_5Ge_3/Ge semble plus complexe que des systèmes comme le Co ou le FePd. Pour une meilleure compréhension, des calculs de micromagnétisme seraient nécessaires et des mesures MFM permettraient éventuellement de mettre en évidence la présence de domaines magnétiques dont la taille varie en fonction de l'épaisseur.

Chapitre 5

Incorporation de carbone dans les couches minces de Mn_5Ge_3

Ce chapitre est consacré à l'incorporation de carbone dans les couches minces de $Mn_5Ge_3C_x$ élaborées par épitaxie en phase solide sur Ge(111). Nous allons d'abord expliquer les motivations menant à l'incorporation de carbone dans les couches minces de Mn_5Ge_3. Nous présenterons ensuite les caractérisations structurales et magnétiques de ces couches de $Mn_5Ge_3C_x$ ainsi que les prédictions théoriques sur les propriétés magnétiques réalisées par le groupe de simulation de Grenoble, en très bon accord avec nos résultats expérimentaux. Enfin, nous exposerons les premiers résultats concernant l'élaboration de $Mn_5Ge_3C_x$ sur Ge(111) par une autre méthode, appelée "Reactive Phase Deposition". Nous verrons que cette technique, consistant à effectuer un co-dépôt de Mn et C à chaud, permet d'arriver à la formation d'une nouvelle phase, le $Mn_{11}Ge_8$, composé encore jamais synthétisé sous forme de films minces jusqu'à présent.

5.1   Intérêt de l'ajout de carbone

La recherche d'un composé ferromagnétique à haute température ($T_C >$ 400 K) compatible avec les semi-conducteurs de type IV est nécessaire à l'essor de la spintronique. En effet, devant les grandes difficultés rencontrées dans la fabrication de DMS à haute T_C, la possibilité d'augmenter la température de Curie de composés déjà connus, notamment par dopage d'éléments légers, fait partie des voies de recherche envisagées. Nous avons vu aux chapitres précédents que le composé Mn_5Ge_3 remplit certaines conditions indispensables pour la réalisation d'un dispositif d'injection efficace d'un courant polarisé en spin. En effet, c'est l'unique phase stable qui peut être épitaxiée sur Ge(111) sous forme de films minces [11, 148, 129]. Par ailleurs, l'absence d'une couche d'alliage non magnétique à l'interface, l'excellente qualité structurale font du Mn_5Ge_3 un candidat intéressant. Le principal inconvénient du Mn_5Ge_3 est sa température de Curie qui demeure encore trop faible ($T_C = 297$ K). En effet, pour réaliser des dispositifs d'électroniques de spins viables, le caractère ferromagnétique des matériaux constituant l'injecteur est extrêmement important et doit être au-delà de la température ambiante. En fait, certains transistors MOSFET atteignent actuellement des températures de 125°C au niveau des jonctions. Il est donc indispensable que le matériau garde ses propriétés et son intégrité jusqu'à cette température. La température de Curie du Mn_5Ge_3 est donc encore trop faible pour imaginer son utilisation dans des applications.

Afin de contourner ce problème, le groupe de Chen *et al.* a démontré, il y a quelques années, que la substitution d'un atome de Mn par un atome de Fe dans la maille du Mn_5Ge_3 permettait de former le Mn_4FeGe_3, composé qui a une température de Curie de 320 K et qui possède les mêmes propriétés structurales que le Mn_5Ge_3 [149]. Par ailleurs, Sürgers *et al.* ont incorporé de faibles quantités de carbone dans des couches polycristallines de Mn_5Ge_3 et ont mis en évidence une augmentation linéaire de la T_C en fonction de x jusqu'à une valeur de $x = 0.5$ correspondant à une $T_C = 445$ K [61, 150]. Au-delà de cette concentration limite, la température de Curie devient stable, suggérant que le carbone n'est plus incorporé dans le Mn_5Ge_3 mais diffuse aux joints de grains.

Par conséquent, l'objectif de cette partie est d'étudier la cinétique d'incorporation du carbone dans le Mn_5Ge_3 et de déterminer la concentration limite de C dans le composé Mn_5Ge_3. L'avantage de notre système par rapport à celui de Sürgers réside dans la qualité cristalline de nos films qui sont épitaxiés et monocristallins.

Par ailleurs, le dopage dans les films polycristallins ne fait pas intervenir les mêmes processus de diffusion/incorporation que le dopage d'un film épitaxié, la limite de solubilité du C dans le Mn_5Ge_3 polycristallin et épitaxié ne devrait donc pas être la même valeur. De fait, nous espérons que cette méthode hors équilibre va nous permettre d'incorporer d'une façon homogène et contrôlée du carbone et déterminer la concentration de saturation du carbone qu'il est possible d'incorporer dans le Mn_5Ge_3.

5.2 Croissance des couches de $Mn_5Ge_3C_x$ sur Ge(111) par "Solid Phase Epitaxy"

5.2.1 Méthode de croissance

D'après les travaux théoriques de Slipukhina *et al.* [122], l'augmentation de la T_C du composé Mn_5Ge_3 provient des interactions Mn_{II}-Mn_{II} via les atomes de C incorporés dans les sites interstitiels. Inspirés par cette idée, nous avons mis en œuvre la technique de croissance par SPE qui favorise le processus de diffusion. Comme nous l'avons détaillé précédemment, la technique SPE comprends deux étapes : diffusion des espèces ou des éléments et la nucléation de phases.

Dans un procédé de croissance, si on laisse diffuser les atomes de carbone, du fait de leur petite taille (ou dimension), on a plus de chances qu'ils soient incorporés dans les sites interstitiels. Par ailleurs, l'énergie d'activation pour la diffusion interstitielle est plus faible que tous les autres processus de diffusion. La figure 5.2.1 représente la maille hexagonale du $Mn_5Ge_3C_x$ avec un atome de carbone au centre de l'hexagone en site interstitiel. Une maille élémentaire de Mn_5Ge_3 ($\frac{1}{3}$ de la maille hexagonale représentée) contient 10 atomes de Mn et 6 atomes de Ge. Lorsque les deux sites intersitiels formés par les atomes Mn_{II} sont occupés par le carbone, on note alors le composé Mn_5Ge_3C.

Le Mn et le C ont été co-déposés à température ambiante puis des recuits thermiques à 450°C ont été effectués. Le rapport des flux entre Mn et C est alors fixé de sorte que l'on obtienne une concentration de C variant entre $x = 0.1$ et 0.9. L'étape suivante est le recuit thermique à 450°C afin d'activer l'interdiffusion des trois éléments conduisant à la formation du $Mn_5Ge_3C_x$. Dès les premiers instants où l'on atteint 450°C, un nouveau digramme RHEED apparaît. Ce diagramme RHEED présente une reconstruction de type $(\sqrt{3} \times \sqrt{3})R30°$, similaire à celui de la phase Mn_5Ge_3 qui, selon la concentration de carbone déposée, va refléter une qualité structurale plus ou moins bonne.

Calibration du flux de carbone

Afin d'étudier l'influence du carbone sur les propriétés structurales et

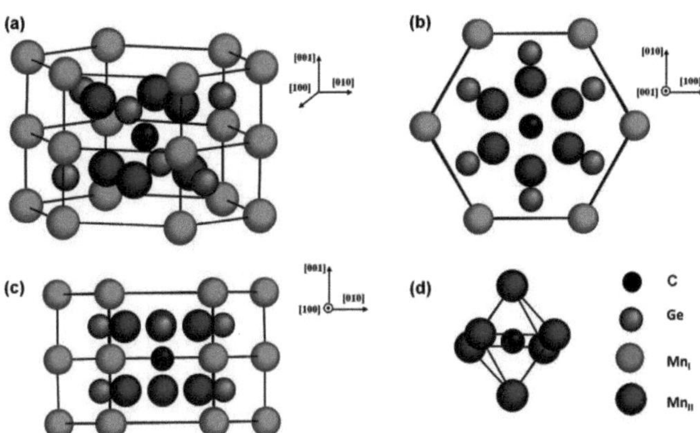

FIGURE 5.2.1 – Représentation schématique de la maille hexagonale du Mn_5Ge_3 avec un atome de carbone en site interstitiel. (a) Vue en perspective. (b) Projection selon la direction [001]. (c) Projection selon la direction [100]. (d) L'atome de carbone occupe le site interstitiel de la sous-structure octahédrique formée par le Mn_{II}.

magnétiques du Mn_5Ge_3, des échantillons avec des concentrations atomiques de C allant de 1% à 12% ont été élaborés. Pour ce faire, il a fallu calibrer la cellule de carbone de la façon la plus précise possible. C'est une cellule de sublimation spécialement développée pour la croissance de $Si_{1-x}C_x$ et Si-C-Ge mais elle convient également pour le dopage dans les III-V. Sa géométrie et son fonctionnement diffèrent des cellules d'évaporation de Mn et de Ge. Constituée d'une charge de graphite pyrolitique traversée par un filament où l'on fait passer un courant (jusqu'à 75A), cette cellule produit un flux de carbone constant avec des vitesses de dépôts relativement faibles (< 0.5Å/min). Par conséquent, la microbalance présente dans notre chambre MBE n'a pas permis de calibrer ce flux de carbone trop faible. Ainsi, deux méthodes ont été utilisées pour la calibration du flux de carbone et ont abouti à des résultats cohérents malgré la présence d'une erreur de 10%.

La première méthode consiste à réaliser un dépôt de carbone sur une surface propre de Si(001). La surface propre de Si(001) possède une reconstruction (2×1). Il a été démontré que l'exposition de cette surface à une atmosphère d'éthylène à 600°C provoque le changement de reconstruction du RHEED en c(4×4). Ce changement de reconstruction de surface correspondant à un dépôt de 0.4 monocouches atomiques de C. Nous avons donc effectué des dépôts de C sur Si(001) avec différentes températures de la cellule de C : 1600, 1640 et 1650°C et en déduire le flux correspondant de C à partir de la durée de dépôt conduisant à cette transition de la reconstruction de surface.

La deuxième technique utilisée pour estimer le flux de carbone est basée sur la corrélation entre le courant de sublimation de la source à une température donnée et les calibrations fournies par le constructeur sur la courbe de delta-doping dans le GaAs en fonction du courant de la cellule.

En corrélant ces deux méthodes, une calibration précise de la source de C a pu être obtenue avec une erreur de 10%.

5.2.2   Caractérisation des couches de Mn$_5$Ge$_3$C$_x$ sur Ge(111)

Les propriétés structurales des couches de Mn$_5$Ge$_3$C$_x$ ont été déterminées en corrélant les informations fournies par le RHEED, le TEM à haute résolution et la diffraction des rayons X. Après avoir détaillé la structure de ces échantillons, nous nous sommes concentrés sur les caractérisations magnétiques par SQUID afin de mettre en évidence l'effet du C sur l'aimantation et sur la température de Curie, l'objectif de ce travail étant d'augmenter la température de Curie.

5.2.2.1 Caractérisations structurales du $Mn_5Ge_3C_x$

Concentration de C : $x < 0.6$

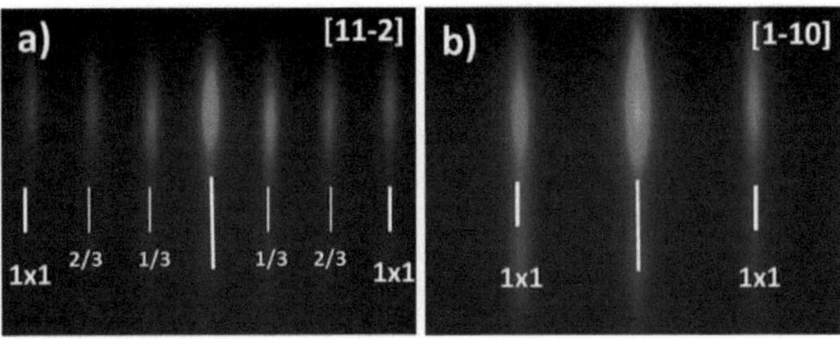

FIGURE 5.2.2 – Diagrammes RHEED suivant les directions [11-2] (a) et [1-10] (b) représentant la surface reconstruite $(\sqrt{3}\times\sqrt{3})$R30° caractéristique d'une couche de 15 nm de $Mn_5Ge_3C_{0.6}$. Les tiges (1×1) sont indiquées par les traits épais, les tiges de reconstruction par des traits fins.

La figure 5.2.2 représente les diagrammes RHEED observés pendant la croissance de $Mn_5Ge_3C_x$ pour des concentrations atomiques de carbone inférieures à 7%, ce qui correspond à $x < 0.6$ pour le composé $Mn_5Ge_3C_x$.

Le diagramme RHEED selon la direction [11-2] présente des tiges $\frac{1}{3}$, $\frac{2}{3}$ caractéristiques de la reconstruction $(\sqrt{3}\times\sqrt{3})$R30° du $Mn_5Ge_3C_x$ qui apparaissent à la même température de recuit, vers 450°C. Ce résultat indique tout d'abord que la couche épitaxiée est monocristalline et parfaitement cohérente avec le substrat et démontre également que l'incorporation de carbone n'altère ni la température de formation, ni la structure de surface ni la relation d'épitaxie avec le Ge(111). Par ailleurs, l'intensité, la finesse et la longueur des tiges du clichés RHEED indiquent que la surface demeure bidimensionnelle pour des concentrations de C allant jusqu'à $x = 0.6$.

Afin de déterminer si l'insertion de carbone dans le Mn_5Ge_3 provoque une déformation de la maille (compression ou tension), le paramètre de maille dans le plan du Mn$_5$Ge$_3$C$_x$ a été mesuré via la distance entre les raies (1 × 1) des clichés RHEED selon la direction [11-2] (figure non présentée). L'évolution du profil d'intensité a été enregistrée avant et après la formation du Mn$_5$Ge$_3$C$_{0.6}$ et a été comparée à celle d'une couche de Mn$_5$Ge$_3$ sans carbone. Contrairement aux films polycristallins de Mn$_5$Ge$_3$C$_x$ et de Mn$_5$Si$_3$C$_x$ où des déformations de maille ont été observées [61, 150, 151], les mesures effectuées sur un film de Mn$_5$Ge$_3$C$_{0.6}$ monocristallin n'ont montré aucune modification de la structure cristallographique du Mn$_5$Ge$_3$. Ce résultat, en contradiction avec la contrainte en compression observée dans les films polycristallins de Mn$_5$Ge$_3$C$_x$ pour des concentrations $x = 0.75$, indique que l'incorporation de carbone n'induit pas de déformation de la maille Mn$_5$Ge$_3$ pour des concentration de carbone allant jusqu'à $x = 0.6$.

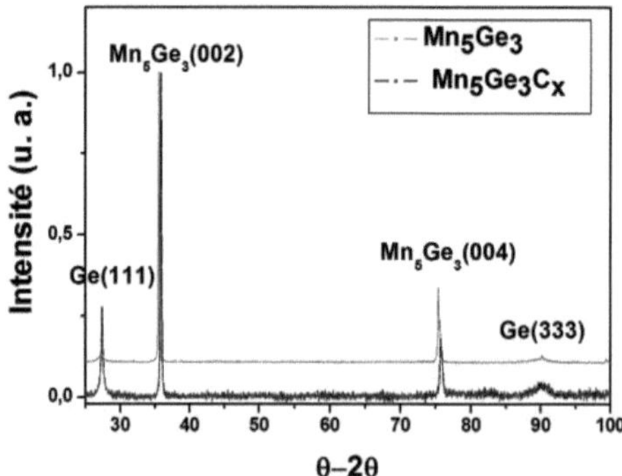

FIGURE 5.2.3 – Spectres de diffraction $\theta - 2\theta$ d'une couche de Mn$_5$Ge$_3$C$_x$ (en bleu) et d'une couche de Mn$_5$Ge$_3$ (en rouge) élaborées par SPE. Les deux courbes coïncident parfaitement avec la présence des pics Mn$_5$Ge$_3$(002) et (004) en plus des deux pics du substrat Ge(111).

Ces mesures ont été confirmées par des analyses de diffraction des rayons

X. La figure 5.2.3 présente le spectre de diffraction d'une couche de $Mn_5Ge_3C_x$ comparé à celui d'une couche sans carbone. Le caractère monocristallin de notre couche est confirmé par la présence des pics de $Mn_5Ge_3(002)$ et (004) qui indiquent aussi que notre composé possède la même configuration structurale : la direction [001] est perpendiculaire au plan du film. Par ailleurs, aucun décalage des pics n'est observé, confirmant que le carbone ne modifie pas l'état de contrainte du Mn_5Ge_3. Ces caractérisations structurales confirment que le carbone incorporé ne provoque aucune distorsion des paramètres de maille du Mn_5Ge_3.

Par ailleurs, l'absence de contraintes dans nos films suggère une incorporation du C en site interstitiel. En effet, l'atome de carbone possède un petit rayon, son incorporation en site substitutionnel dans les semi-conducteurs du groupe IV produit généralement une distorsion locale autour de C, donnant lieu à une contrainte en tension dans le film [152].

La qualité structurale de la couche et de l'interface $Mn_5Ge_3C_x/Ge$ a été étudiée par microscopie électronique en transmission à haute résolution (HRTEM) en coupe transverse. Nous présentons tout d'abord l'image d'une couche de 15 nm de $Mn_5Ge_3C_{0.6}$ épitaxiée sur Ge(111) qui révèle que les films sont continus et homogènes, aucune autre phase n'a pu être mise en observée dans toute la couche.

L'image présentée à la figure 5.2.4 présente la structure locale de l'interface d'une couche de 15 nm de $Mn_5Ge_3C_x$ épitaxiée sur Ge(111) où l'on observe la continuité des plans Ge(111) et $Mn_5Ge_3C_x(001)$. Il a été vu précédemment que le désaccord paramétrique entre le Ge et le Mn_5Ge_3 est de 3.7% ce qui devrait amener, lors de la relaxation plastique, à l'apparition d'une dislocation tous les 25 plans environ. Cependant, l'image révèle une excellente qualité structurale et une très bonne épitaxie du $Mn_5Ge_3C_{0.6}$ sur

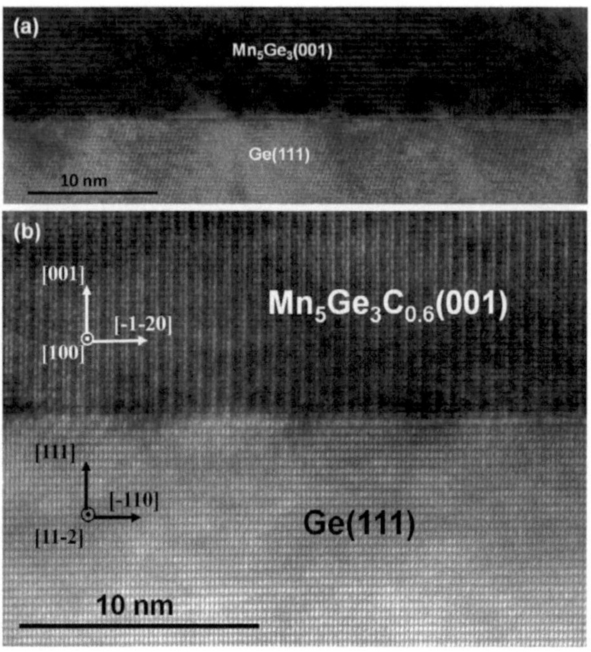

FIGURE 5.2.4 – Images en microscopie électronique en transmission en section transverse d'une couche mince de $Mn_5Ge_3C_x$(15 nm) sur Ge(111). (a) On observe la continuité de la couche mince de $Mn_5Ge_3C_x$. (b) Image à haute résolution. L'axe de zone du germanium est [11-2].

le Ge(111). Aucun défaut n'a pu être mis en évidence à travers tout le film et l'interface est abrupte à l'échelle atomique. Ces observations HRTEM sont en bon accord avec les clichés RHEED et les spectres XRD, confirmant une excellente incorporation du C dans le Mn_5Ge_3 sans dégrader ni les propriétés structurales ni la relation d'épitaxie avec le Ge, et ce jusqu'à des concentrations de C de 7%.

Concentration de C : $x > 0.6$

Lorsque la concentration x de C excède la valeur de 0.6, les clichés RHEED présentent toujours la reconstruction typique du Mn$_5$Ge$_3$.

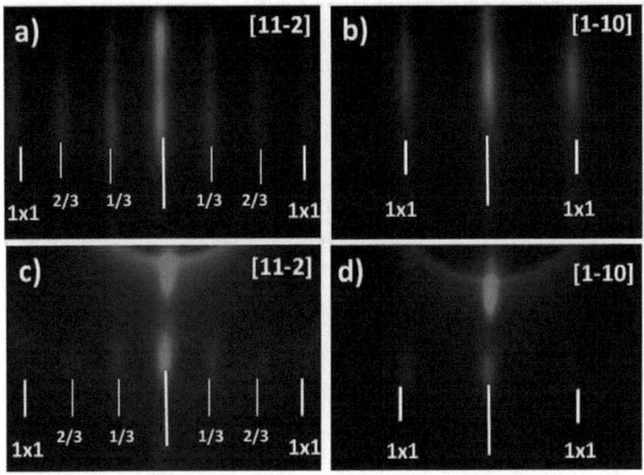

FIGURE 5.2.5 – Diagrammes RHEED suivant les directions [11-2] (a-c) et [1-10] (b-d) représentant la surface reconstruite ($\sqrt{3} \times \sqrt{3}$)R30° caractéristique d'une couche de Mn$_5$Ge$_3$C$_x$ avec $x = 0.7$ (a-b) et $x = 0.9$ (c-d). Les tiges (1×1) sont indiquées par les traits épais, les tiges de reconstruction par des traits fins.

Cependant, ces derniers deviennent de plus en plus diffus et des taches 3D apparaissent, indiquant une surface rugueuse ainsi qu'une croissance 3D. Ce type de cliché est présenté sur la figure 5.2.5 pour un film de 15 nm de Mn$_5$Ge$_3$C$_x$ avec $x = 0, .7$ et 0.9. Pour $x = 0.9$, les tiges de reconstruction $\frac{1}{3}$, $\frac{2}{3}$ sont peu visibles.

En ce qui concerne les spectres de diffraction (non présentés ici), là aussi des différences sont appréciables : l'existence des pics à $2\theta = 35.4°$ et $2\theta = 74.5°$ traduit encore un caractère monocristallin cependant mais la présence de défauts se traduit par un fond continu très bruité.

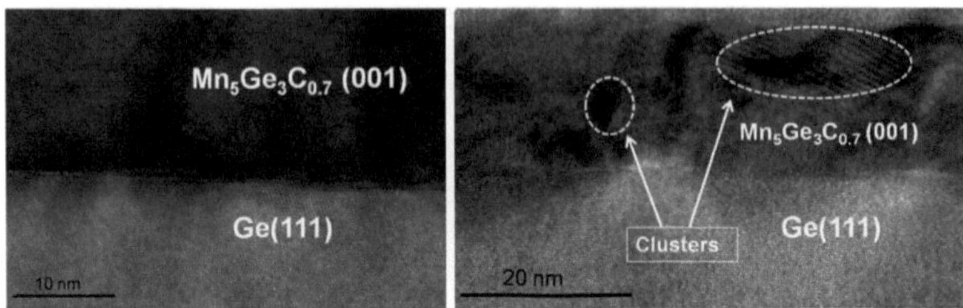

FIGURE 5.2.6 – Cliché de microscopie électronique en transmission à haute résolution (HR TEM) d'une couche de 15nm de $Mn_5Ge_3C_{0.7}$ épitaxiée sur Ge(111) élaborée par SPE. L'axe de zone du germanium est [11-2].

Par ailleurs, les observations en coupe transverse par HR-TEM indiquent que la couche devient moins homogène et des clusters ou des inclusions, probablement riches en C apparaissent. Comme le montre la figure 5.2.6 certaines zones sont encore d'une bonne qualité structurale mais des inhomogénéités apparaissent localement dans la couche, suggérant que la concentration de C dans le Mn_5Ge_3 de 0.6 est atteinte. Par ailleurs, l'interface entre le substrat et la couche devient plus rugueuse et s'étend sur plusieurs couches atomiques. Ces différences mettent bien en évidence une altération des propriétés structurales à partir de cette concentration de C.

5.2.2.2 Caractérisations magnétiques du $Mn_5Ge_3C_x$

Nous venons de voir qu'en dessous d'une concentration de C de $x = 0.6$, une excellente qualité structurale et d'épitaxie est obtenue pour les couches de $Mn_5Ge_3C_x$. Au-delà de cette concentration, des inhomogénéités apparaissent au sein de la couche ferromagnétique (formation de clusters et augmentation de la rugosité de surface et d'interface). Cela suggère donc que la limite de solubilité C_S du C dans le $Mn_5Ge_3C_x$ correspond à environ $x = 0.6 - 0.7$. Nous allons désormais étudier l'influence du C sur les propriétés magnétiques et corréler ces dernières aux analyses structurales. Le but est de déterminer quelle est la concentration optimale de C pour laquelle on a une température de Curie élevée avec une très bonne qualité structurale.

Cycles d'hystérésis et aimantation à saturation

Les cycles d'hystérésis des couches de $Mn_5Ge_3C_x$ à 5 K et à 300 K ont été effectuées par magnétométrie SQUID à l'AIST, au Japon. Les mesures à 5 K sur trois couches de $Mn_5Ge_3C_x$ de 15 nm d'épaisseur sont présentées à la figure 5.2.7 avec des concentrations de C suivantes : $x = 0$ (en noir), $x = 0.6$ (en rouge) et $x = 0.9$ (en vert). Le champ magnétique est appliqué soit parallèle (fig. 5.2.7 (a)), soit perpendiculaire au plan de la couche (fig. 5.2.7 (b)).

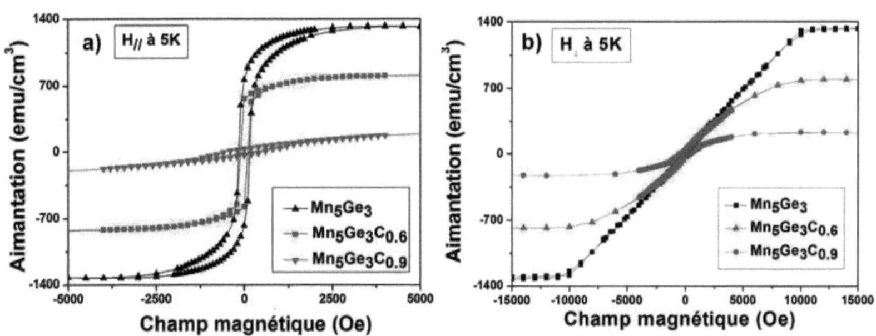

FIGURE 5.2.7 – Cycles d'hystérésis mesurés par SQUID à 5 K de couches de $Mn_5Ge_3C_x$ de différentes concentration de C.

Les cycles d'hystérésis révèlent une forme carrée jusqu'à une concentration $x = 0.7$, similairement aux couches minces de Mn_5Ge_3 sans carbone.

Une différence notable est la valeur de l'aimantation à saturation M_{sat} qui passe de 1300 emu/cm^3 pour une couche sans carbone à environ 700 emu/cm^3 pour $x = 0.6$ et qui chute ensuite à 250 emu/cm^3 pour $x = 0.9$. Par ailleurs, une réduction non négligeable du champ coercitif a lieu, il passe de 300 Oe pour une couche sans carbone à 80 Oe avec C. Il est intéressant de noter que d'un point de vue qualitatif, l'anisotropie magnétique de nos films ne change pas avec l'ajout de carbone. En effet, on retrouve bien l'axe de facile aimantation dans le plan du film pour tous les échantillons, quelque soit la concentration de C.

Le moment magnétique atomique a été estimé en fonction du volume de la couche et de l'aimantation à saturation. Un moment atomique moyen de 1.9 μ_B/Mn est déterminé pour $x = 0.6$. Cette valeur est proche de celle obtenue pour les films avec implantation de C [61] et par des calculs théoriques réalisés par Slipukhina et $al.$ [122] mais diffère de la valeur obtenue pour les films élaborés par sputtering [150].

Afin de mettre en évidence les changements des propriétés magnétiques de nos couches à 300 K, nous présentons le cycle d'hystérésis de couches de $Mn_5Ge_3C_x$ à 300 K sur la figure 5.2.8 avec le champ magnétique appliqué dans le plan des films. La courbe noire correspondant à Mn_5Ge_3 présente un caractère paramagnétique à 300 K puisque, sans carbone, la température de Curie se situe à 297 K.

A partir d'une valeur $x = 0.1$ (courbe non présentée sur la figure), le caractère ferromagnétique apparaît à 300 K et cela persiste pour toute concentration de carbone jusqu'à $x = 0.9$. Notons cependant que l'aimantation à saturation est maximale pour $x = 0.4$. Au-delà de cette concentration, une réduction progressive de l'aimantation à saturation est observée en fonction de x.

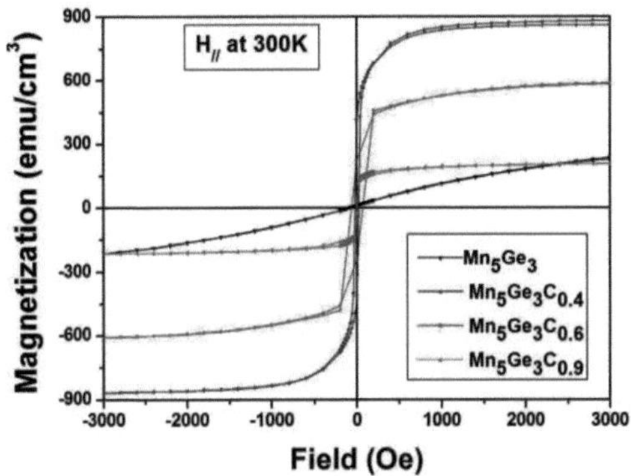

FIGURE 5.2.8 – Cycles d'hystérésis mesurés par SQUID à 300 K de couches de $Mn_5Ge_3C_x$ de différentes concentration de C. La couche de référence (sans C) présente un comportement paramagnétique alors que les couches contenant du C sont ferromagnétiques à température ambiante.

Comportement en température

La mesure de l'aimantation en fonction de la température est évidemment indispensable pour déterminer la température de Curie (T_C) mais elle permet aussi de détecter l'éventuelle présence d'une autre phase secondaire ferromagnétique ou antiferromagnétique. Pendant les balayages en température, un champ magnétique de 5 kOe est appliqué le long de l'axe de facile aimantation afin de saturer l'aimantation. L'aimantation normalisée à sa valeur à 5 K en fonction de la température est présentée sur la figure 5.2.9 (a) avec des concentrations de C variant de $x = 0.1$ à 0.9. Afin de comparer, nous avons ajouté une courbe de référence de Mn_5Ge_3 sans C.

La figure 5.2.9 (a) nous montre clairement que l'ajout de C améliore nettement la stabilité ferromagnétique et permet une augmentation de la T_C jusqu'à une valeur de $x = 0.7$. La T_C est déterminée en effectuant la dérivée $\frac{dM}{dT}$, elle atteint une valeur maximale de 430 K pour $x = 0.7$. Il est

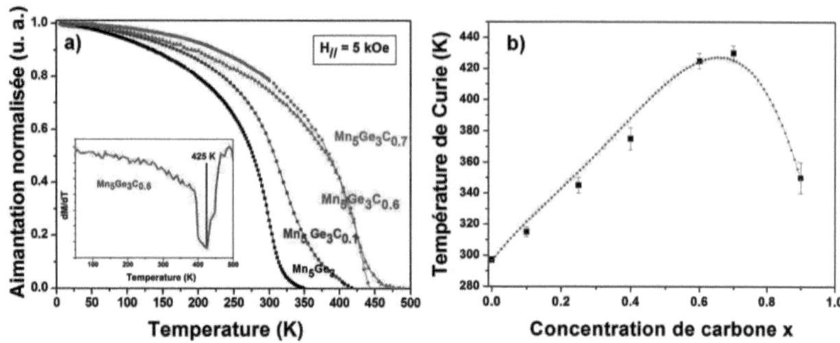

FIGURE 5.2.9 – (a) Aimantation normalisée à sa valeur à 5 K en fonction de la température pour des couches de Mn$_5$Ge$_3$C$_x$. Les concentrations de C varient de $x = 0$ à 0.7. (b) Évolution de la température de Curie T$_C$ en fonction de la concentration de carbone x .

important de noter que les films polycristallins dopés au C possèdent une T$_C$ maximale de 450K pour $x = 0.5$ [61]. Cependant, les auteurs n'ont pas précisé la méthode suivant laquelle la T$_C$ a été déterminée, s'il s'agit de la température à laquelle l'aimantation est nulle. Il est évident que dans les films polycristallins, une diffusion/ségrégation du C aux joints de grains peut devenir plus favorable par rapport aux processus d'incorporation en sites interstitiels.

Nous résumons sur la figure 5.2.9 (b) l'évolution de la T$_C$ en fonction de la concentration de carbone. On peut distinguer deux régions différentes : d'abord T$_C$ augmente linéairement avec C jusqu'à $x = 0.7$ puis au-delà de cette valeur, la T$_C$ chute pour atteindre une valeur d'environ 350 K. Ce comportement est différent de ce qui a été observé dans les couches polycristallines, où la T$_C$ augmente linéairement pour ensuite se stabiliser à une valeur maximale.

Afin de mieux comprendre le rôle du C dans la variation de l'aimantation, l'évolution de l'aimantation à saturation M_{sat} à 5 K et de l'aimantation spontanée M_s à 300K est présentée sur la figure 5.2.10. M_s correspond à l'ordonnée de l'extrapolation linéaire de l'aimantation mesurée sur les courbes $M(H)$ à 300K pour de faibles champs magnétiques ($H < 5$ kOe). Il s'agit d'un paramètre important pour la réalisation de dispositifs efficaces d'injection de spin.

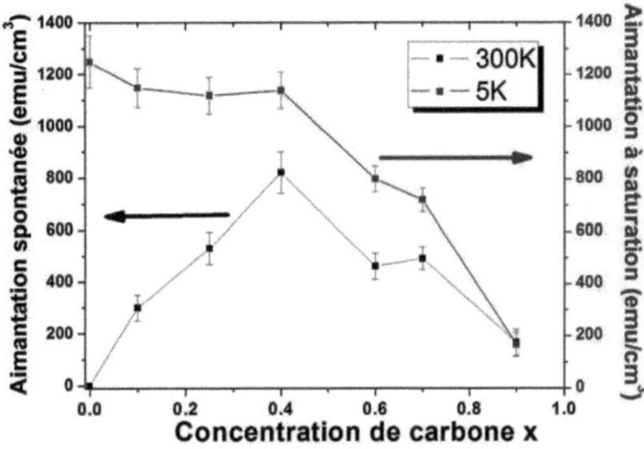

FIGURE 5.2.10 – Évolution de l'aimantation spontanée M_S et de l'aimantation à saturation M_{sat} en fonction de la concentration de carbone x.

L'évolution de l'aimantation spontanée présente aussi deux tendances : la première est une augmentation monotone jusqu'à une valeur maximale pour $x = 0.4$ puis une décroissance pour des valeurs de x plus importantes. Ce résultat suggère que la concentration optimale de carbone pour le Mn$_5$Ge$_3$C$_x$ jouant le rôle d'injecteur de spin est d'environ $x = 0.4$, puisqu'à cette valeur, on obtient à la fois une aimantation spontanée M_s maximale, une température de Curie élevée et une excellente qualité structurale. En ce qui concerne l'aimantation à saturation à 5 K, on observe une diminution au fur et à mesure que l'on augmente la concentration de carbone.

Par ailleurs, ces mesures magnétiques corrélées aux analyses structurales nous indiquent que la limite de solubilité C_s du carbone dans le Mn_5Ge_3 est d'environ $x = 0.7$. A partir de cette limite C_s, la chute de la T_C peut s'expliquer par la formation des clusters de carbures de manganèse (MnC) qui, pour atteindre une taille critique, consomment du carbone préalablement incorporé dans les sites interstitiels de Mn_5Ge_3.

5.2.3 Simulations et calculs théoriques

5.2.3.1 Calculs thermodynamiques sur la formation de défauts dans le $Mn_5Ge_3C_x$

Afin d'expliquer l'origine et la nature des précipités qui apparaissent à partir d'une concentration de C supérieure à 0.6 , des calculs théoriques ont été effectués en collaboration avec l'équipe de Simulation de Pascal Pochet au laboratoire de Simulation atomistique SP2M, CEA, à Grenoble. Tout d'abord, des calculs DFT (density functionnal theory) ont été réalisés pour évaluer l'énergie de formation absolue de tous les défauts de carbone possibles dans le Mn_5Ge_3, à savoir le C en sites substitutionnels (Mn ou Ge), et en sites interstitiels. Cette énergie de formation est définie comme l'énergie gagnée par le système lors de la formation des phases les plus stables. Cette approche thermodynamique basée sur le grand potentiel réduit a déjà été utilisée dans des études précédentes [153] et donne un bonne description énergétique du système MnGe. Le diagramme de phase correspondant contient 10 composés possibles [90] :

i)   Ge diamant ;

ii) $Mn_{11}Ge_8$;

iii) Mn_5Ge_3 ;

iv) Mn_5Ge ;

v)   Mn ;

vi)   graphite C ;

vii)   C diamant ;

viii)   GeC zinc-blende ;

ix) Mn_5C_2 ;

x) Mn_7C_3

Parmi ces composés, seuls trois alliages binaires peuvent se former : le GeMn, le GeC et le MnC. Les résultats concernant les systèmes Ge-C et le Mn-C reportés à la figure 5.2.11 (b) présentent l'évolution du grand potentiel réduit en fonction des différences de potentiels chimiques $\Delta\mu^{C-Mn}$ et $\Delta\mu^{C-Ge}$. Ces calculs reproduisent très bien les deux systèmes :

i)   le diamant C apparaît métastable de 144 meV/atome comparé au graphite (en accord avec les résultats précédents [154])

ii)   le GeC de structure zinc-blende semble instable

iii)   la stabilité du composé Mn-C est reproduite

Par conséquent, les valeurs expérimentales de $\Delta\mu^{C-Mn}$ et $\Delta\mu^{C-Ge}$ vont maintenant être estimées. En l'absence de carbone, le composé formé expérimentalement est le Mn_5Ge_3. Ainsi, les potentiels chimiques de Ge et Mn doivent être reliés par deux équilibres thermodynamiques :

$Mn_{11}Ge_8 \leftrightarrow Mn_5Ge_3$ et $Mn_5Ge_3 \leftrightarrow Mn_5Ge_2$

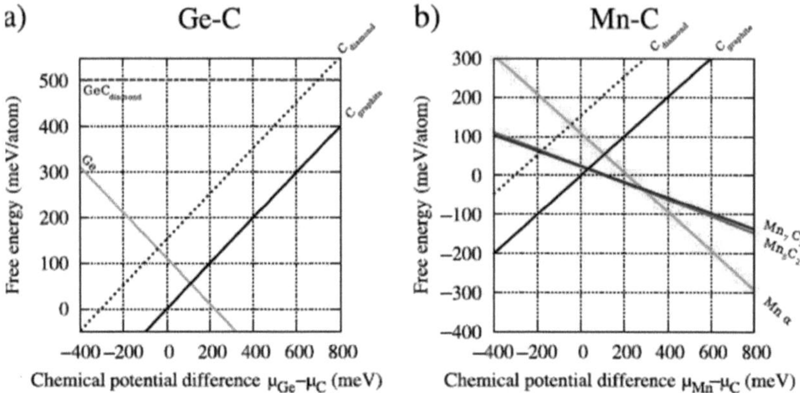

FIGURE 5.2.11 – Évolution du grand potentiel réduit en fonction des différences de potentiels chimiques $\Delta\mu^{C-Mn}$ et $\Delta\mu^{C-Ge}$ des composés Mn-C et Ge-C. À une différence de potentiel $\Delta\mu$ donnée, le composé thermodynamiquement stable correspond à celui qui a le plus faible potentiel au point 0 (le graphite est le plus stable par rapport au Ge, C-diamant, GeC-diamant). Les lignes continues correspondent aux composés stables alors que les lignes pointillées aux composés métastables.

Pour chaque équilibre, le potentiel chimique de chaque espèce est équivalent dans les deux phases, donnant lieu au système suivant :

$$N_{Ge}^{\alpha}.\mu_{Ge} + N_{Mn}^{\alpha}.\mu_{Mn} = E_{tot}^{\alpha}$$

$$N_{Ge}^{\beta}.\mu_{Ge} + N_{Mn}^{\beta}.\mu_{Mn} = E_{tot}^{\beta}$$

avec α et β les deux phases à l'équilibre ($\alpha \rightleftharpoons \beta$), μ les potentiels chimiques, N le nombre d'atomes et E_{tot} l'énergie totale calculée. En résolvant ce système pour chaque équilibre, les valeurs de μ_{Ge} et de μ_{Mn} sont obtenues avec moins de 10 meV de différences, la valeur moyenne est alors choisie. Il est désormais possible de déterminer μ_C dans chaque composé et la connaissance de tous les potentiels chimiques nous permet également d'évaluer l'énergie de formation de tous les défauts de C possibles dans le Mn_5Ge_3 et de revenir aux valeurs expérimentales de $\Delta\mu^{C-Mn}$ et $\Delta\mu^{C-Ge}$.

Il y a quatre types de défauts simples de C dans le Mn_5Ge_3 : la position interstitielle décrite dans des travaux précédents [122] et trois autres positions substitutionnelles (Ge, Mn_I and Mn_{II}). Cependant, étant donné les concentrations de C considérées, les défauts simples ne sont pas isolés. Pour cette raison, différentes concentrations et combinaisons de défauts ont été étudiés.

Une première observation est que le coût en énergie pour qu'un atome de C se substitue à un atome de Ge ou de Mn est de plus de 2 eV, quelque soit la combinaison du défaut. Ensuite, l'énergie de formation de C en position interstitielle est négative d'une valeur de -0.3 eV jusqu'à une concentration de C de $x = 0.5$. Au-delà de cette valeur, cette énergie devient positive (1 eV). Il semble donc que le composé ternaire $Mn_5Ge_3C_{0.5}$ est stable et qu'au-delà de $x = 0.5$ les atomes de C ne sont plus incorporés en sites interstitiels, mais ont tendance à former des précipités, comme ce qui a été observé expérimentalement en figure 5.2.6. Les précipités les plus stables pouvant se former sont le graphite ou des carbures de manganèses. Étant donné les conditions de croissance expérimentales des couches de $Mn_5Ge_3C_x$ impliquant un recuit à 450°C, la formation du graphite peut être éliminée. Par conséquent, la formation de clusters de MnC tels que Mn_5C_2 et/ou Mn_7C_3 apparaît favorable pour $x = 0.5$. Ce résultat est en bon accord avec nos mesures magnétiques qui montrent que l'aimantation spontanée possède un maximum pour $x = 0.4$. Ceci suggère aussi que les caractérisations magnétiques sont plus sensibles aux défauts que les analyses structurales.

La chute de T_C pour des valeurs de x élevées peut par conséquent être expliquée par la formation de carbures de manganèses, qui apparaissent dès que x atteint des valeurs de $0.4 - 0.5$. Pour de concentrations de C plus importantes, ces clusters continuent à croître puis atteignent une certaine taille critique comme le montre la figure 5.2.6. La croissance de tels clusters doit se faire en consommant une partie du carbone préalablement déposé et/ou du Mn, créant ainsi des lacunes de Mn dans la structure cristalline du Mn$_5$Ge$_3$. La formation de telles lacunes coûte une énergie aussi faible que 0.5 eV.

5.2.3.2 Prédictions de l'évolution de la T$_C$ dans le composé Mn$_5$Ge$_3$C$_x$

Il s'agit désormais de déterminer par des calculs théoriques l'évolution de la T$_C$ du composé Mn$_5$Ge$_3$C$_x$ en fonction de la concentration de C. La méthode de calcul utilisée est l'approximation cohérente du potentiel Coherent Potential Approximation (CPA) qui permet de traiter différentes concentrations x . La figure 5.2.12 représente l'évolution de la T$_C$ calculée avec une occupation partielle des deux sites interstitiels jusqu'à une concentration $x = 1$, valeur correspondant à une occupation totale. Nous venons de voir dans l'étude qui précède qu'une occupation totale des sites interstitiels n'est pas énergétiquement favorable. De façon similaire aux observations expérimentales, les calculs reproduisent très bien l'augmentation de la T$_C$ jusqu'à $x = 0.6$ pour ensuite décroître. Cette description confirme donc que l'augmentation de la T$_C$ provient des interactions d'échanges Mn$_{II}$-Mn$_{II}$ via le carbone. Cependant, les calculs prédisent une température de Curie de 550 K, ce qui est 125 K au-dessus de ce que nous observons expérimentalement.

L'influence des relaxations de la structure ne peut pas justifier cet écart

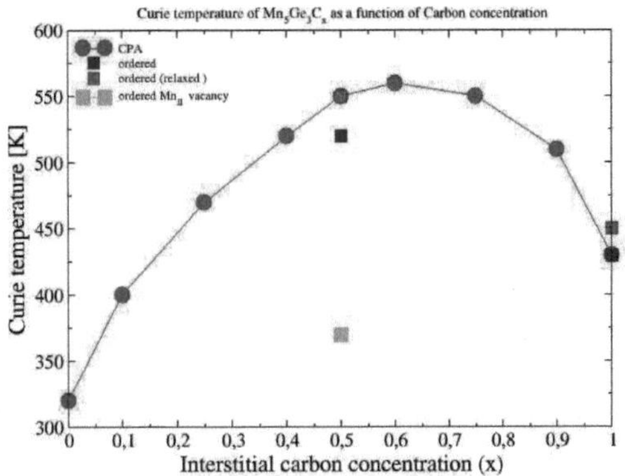

FIGURE 5.2.12 – Courbe représentant la température de Curie en fonction de la concentration de carbone en sites interstitiels. 5.2.12

puisque les T_C calculées pour la structure parfaite et relaxée (carré bleu et triangles vert respectivement dans la figure 5.2.12) ne produisent aucune variation significative comparé aux calculs CPA. Ainsi, nous avons considéré une déviation de la stœchiométrie dans la sous-structure Mn_{II} pour adopter l'effet de la formation des clusters de MnC. Considérons la présence d'une lacune de Mn_{II} parmi les 6 positions possibles du Mn_{II} (i.e. la composition de $Mn_{4.5}Ge_3C_{0.5}$ avec quasiment 6% at. de lacunes), la T_C est alors réduite de 550 K à 370 K pour $x = 0.5$. Il est possible de déduire de ce résultat qu'une petite concentration de lacunes de Mn_{II} peut être à l'origine de la surestimation de la T_C calculée, par rapport aux résultats expérimentaux. Par ailleurs, la réduction de la T_C induite par les lacunes de Mn est en bon accord avec la forte décroissance de la T_C observée sur nos échantillons en fonction de la concentration de C, et lors de l'apparition des clusters. Une remarque importante concerne le cas de précipités composés uniquement de carbone, on s'attendrait alors à une saturation de la T_C pour le composé $Mn_5Ge_3C_{0.5}$, ce qui n'est pas le cas. Il est donc plus probable que les clusters formés lors d'une incorporation de C supérieure à $x = 0.6$ soient constitués d'un composé à base de Mn et de C.

5.3 Croissance des couches de $Mn_5Ge_3C_x$ sur Ge(111) par "Reactive Deposition Epitaxy"

5.3.1 Intérêt de la méthode "Reactive Deposition Epitaxy"

La technique d'épitaxie par dépôt réactif ("Reactive Deposition Epitaxy" RDE) consiste en un dépôt ou un co-dépôt à une température de substrat T_S supérieure à la température ambiante. Contrairement à la méthode par SPE qui repose sur la diffusion de l'espèce diffusante majoritaire (le Ge dans notre cas) à partir de l'interface avec le substrat, la technique par RDE ne laisse principalement intervenir que le phénomène de nucléation de phases à la surface du film au fur et à mesure de sa croissance. Cependant, le co-dépôt de plusieurs éléments est difficile à mettre en œuvre car une maîtrise très précise des flux des éléments à déposer est nécessaire afin d'obtenir la stœchiométrie du composé à former.

Comme nous avons vu auparavant, la nucléation de Mn_5Ge_3 par SPE a lieu à une température d'environ 450°C. Nous avons donc réalisé le dépôt par RDE à cette température. Cette technique, schématisée sur la figure 5.3.1, fait principalement appel au mécanisme de la nucléation de phases. Le substrat étant chauffé à 450°C, les atomes de Mn arrivant à la surface du Ge réagissent directement avec le Ge pour former la phase la plus stable du diagramme Mn-Ge.

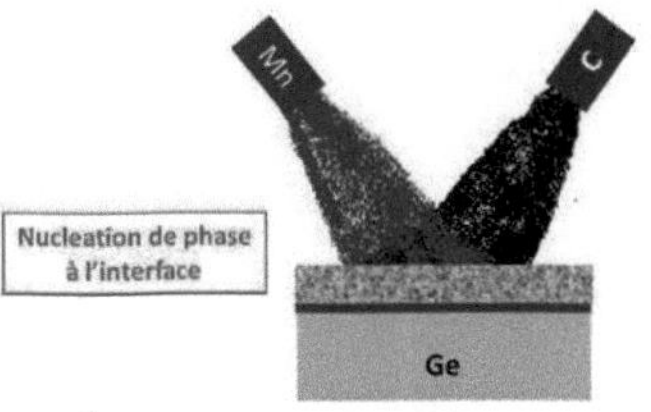

FIGURE 5.3.1 – Schéma de la technique d'épitaxie par dépôt par réactif "RDE" à haute température : elle consiste à réaliser un dépôt de Mn et de C à une température de substrat de Ge de 450°C.

5.3.2 Croissance par RDE à 450°C

Après s'être assuré de la bonne qualité de surface du Ge à l'aide du RHEED, le co-dépôt de Mn et de C à une température de 450°C est réalisé, il constitue l'unique étape de cette méthode de croissance. Nous avons élaboré trois échantillons avec de très faibles quantités de carbone, la concentration de C étant respectivement $x = 0$ (échantillon de référence sans C), $x = 0.05$ et $x = 0.1$.

Après quelques minutes de dépôt, les diagrammes RHEED obtenus selon les directions [1-10] et [11-2] présentent la reconstruction de type $(\sqrt{3} \times \sqrt{3})R30°$ (cf Fig. 5.3.2), caractéristique de $Mn_5Ge_3C_x$.

5.3.3 Caractérisations magnétiques

Nous présentons tout d'abord l'évolution de l'aimantation en fonction du champ magnétique de l'échantillon réalisé par RDE à 450°C (sans carbone) sur la figure 5.3.3. Cet échantillon présente bien un cycle d'hystérésis à

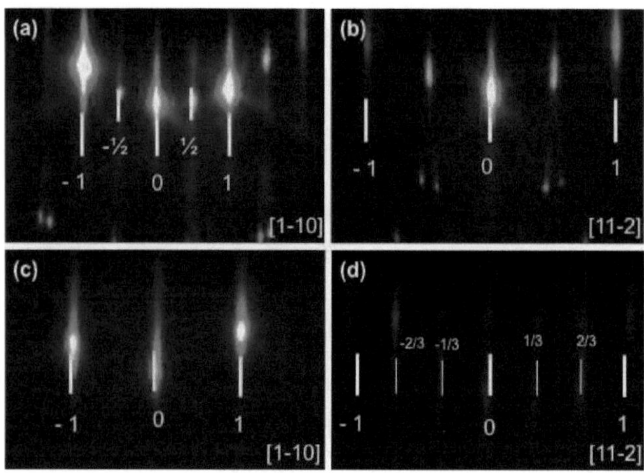

FIGURE 5.3.2 – Diagrammes RHEED suivant les directions [1-10] (a-c) et [11-2] (b-d) représentant la surface reconstruite de Ge avant la dépôt (a-b) et après le dépôt de Mn et C (c-d). La reconstruction $(\sqrt{3} \times \sqrt{3})R30°$ suggère la formation de la phase $Mn_5Ge_3C_x$ en épitaxie.

5 K et à 300 K, indiquant un caractère ferromagnétique. L'axe de facile aimantation se situe toujours dans le plan du film et le champ coercitif H_C est de 300 Oe, valeur très proche de celle d'une couche mince de Mn_5Ge_3 élaborées par SPE. Cependant, à 5 K, l'aimantation à saturation M_{sat} est de 120 emu/cm^3 et l'aimantation rémanente M_R est de 18 emu/cm^3, valeurs très faibles comparées au matériau massif et aux couches minces de Mn_5Ge_3 élaborées par SPE. En effet, l'échantillon possède moins de 10% de l'aimantation normalement observée lors de la croissance par SPE.

Des mesures $M(T)$ ont été réalisées afin de déterminer la température de Curie de nos échantillons et d'observer éventuellement la signature caractéristique de la phase Mn_5Ge_3. Ces mesures sont présentées sur la figure 5.3.4 avec l'aimantation non normalisée (a) et l'aimantation normalisée (b). Sur

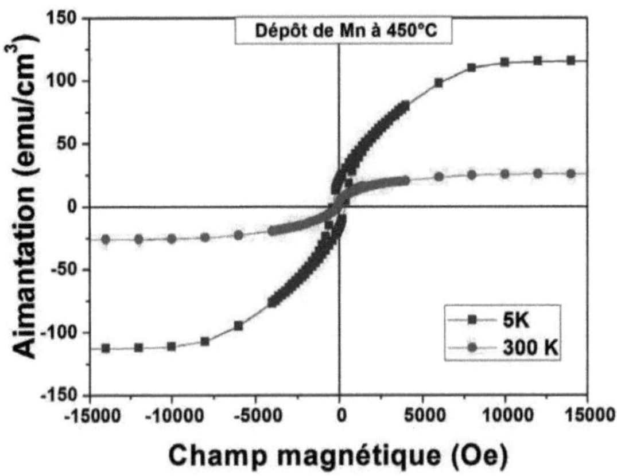

FIGURE 5.3.3 – Cycles d'hystérésis mesurés par SQUID à 5 K d'une couche de Mn déposée sur Ge à 450°C. Le champ magnétique est appliqué dans le plan de la couche.

la figure 5.3.4 (a), l'échantillon réalisé par RDE à 450°C (sans carbone) ne révèle pas le comportement magnétique caractéristique du Mn_5Ge_3 : l'aimantation est faible à basse température (environ 300 emu/cm³) et ce jusqu'à environ 100 K, puis elle augmente sensiblement pour atteindre une aimantation maximale (environ 600 emu/cm³) vers 170 K . Enfin, au-delà de 170-180 K, l'aimantation diminue progressivement jusqu'à atteindre une aimantation nulle vers 300 K. Cette courbe $M(T)$ présente deux transitions distinctes : une transition d'un état ferromagnétique à un état antiferromagnétique à une température de Néel $T_N = 150$ K et une transition d'un état ferromagnétique à un état paramagnétique vers 295 K. Lorsque l'on ajoute une très faible quantité de carbone, l'aimantation en fonction de la température est encore plus faible avec des valeurs toujours inférieures à 200 emu/cm³. La figure 5.3.4 (b) représentant les courbes normalisées permet d'observer plus clairement l'allure des courbes $M(T)$ pour les échantillons réalisés par RDE.

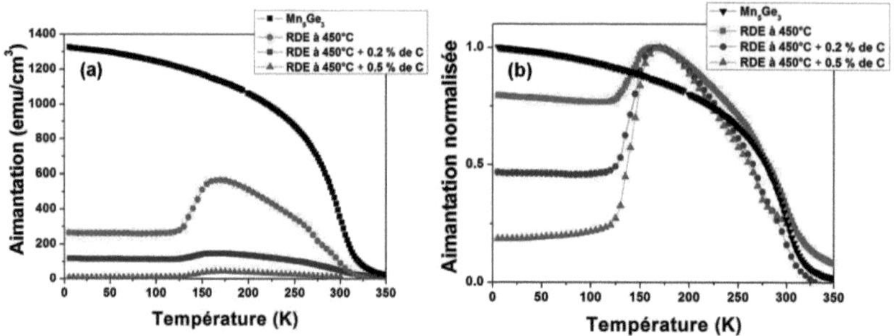

FIGURE 5.3.4 – Mesures $M(T)$ non normalisées (a) et normalisées (b) des échantillons réalisés par RDE à 450°C avec une concentration atomique de carbone variant entre 0 et 0.5%. Le champ appliqué dans le plan du film est de 1 kOe. La courbe $M(T)$ d'une couche de Mn$_5$Ge$_3$ élaborée par SPE a été tracée afin de comparer les deux technique de croissance.

Les deux échantillons réalisés par RDE avec du carbone possèdent également ment deux transitions distinctes : une transition d'un état ferromagnétique à un état antiferromagnétique à une température de Néel T$_N$ = 150 K et une transition d'un état ferromagnétique à un état paramagnétique vers 280-290 K. Cependant, l'échantillon contenant 0.5% de carbone a une aimantation encore plus faible ($<$ 100 emu/cm^3), indiquant que l'ajout de carbone influence fortement les propriétés magnétiques des échantillons réalisés par RDE. Cependant, le rôle du carbone dans ce cas n'a pas pour effet d'augmenter la température de Curie, bien au contraire. Il semblerait que lors du dépôt de Mn à 450°C, la formation d'un composé antiferromagnétique se produit et que l'incorporation de carbone favorise la formation de ce composé.

Parmi les différents composés stables à basse température dans le diagramme de phase Mn-Ge, seul le composé $Mn_{11}Ge_8$ présente un comportement antiferromagnétique avec deux transitions bien distinctes : transition antiferromagnétique/ferromagnétique à 150 K , puis une autre ferromagnétique/paramagnétique à partir de 274 K [94, 155]. Malheureusement, très peu d'informations concernant le magnétisme de ce composé sont disponibles. L'allure des courbes $M(T)$ est également très ressemblante aux mesures réalisés par le groupe de Cho *et al.* [114]. Ces derniers démontrent la présence de $Mn_{11}Ge_8$ lors de recuit à 600°C d'une couche de Mn_xGe_{1-x}. Il semble donc que le dépôt de Mn à 450°C sur Ge(111) favorise la formation du composé le plus stable du diagramme de phase Mn-Ge et le plus riche en Ge : le $Mn_{11}Ge_8$. Cependant, la présence d'une aimantation non négligeable à des températures inférieures à 150 K suggère encore la présence d'une faible proportion de composé ferromagnétique. La température de la transition ferromagnétique/paramagnétique étant légèrement supérieure à celle généralement observé pour le composé $Mn_{11}Ge_8$, il semblerait que le composé Mn_5Ge_3 coexiste encore avec le $Mn_{11}Ge_8$. Cette proportion de Mn_5Ge_3 diminue progressivement avec l'ajout de carbone comme le montre les courbes verte et bleue sur la figure 5.3.4 (b). Notons que le comportement ferromagnétique observé à 300 K sur la figure 5.3.3 n'est pas encore bien compris. En effet, le composé Mn_5Ge_3 possède une température de Curie à 297 K, on ne devrait donc pas observer de cycle d'hystérésis au-delà de cette température. Dans le diagramme de phase Mn-Ge, le seul composé ayant une température de Curie au-delà de 300 K est le Mn_3Ge. Cependant, ce composé ne se forme qu'à haute température. Des caractérisations telles que l'AC-SQUID permettraient probablement de déterminer la coexistence de diverses phases ferromagnétiques.

5.3.4 Caractérisations structurales

Afin de confirmer la présence de la phase Mn$_{11}$Ge$_8$ dans nos films élabores par RDE à 450°C, nous avons combiné des mesures de diffraction des rayons X et des observations TEM.

Nous présentons les spectres de diffraction XRD d'une couche de référence de Mn$_5$Ge$_3$ élaborée par SPE et celui correspondant à un dépôt par RDE à 450°C sur la figure 5.3.5. Le spectre obtenu pour un dépôt par RDE révèle des pics correspondant à la phase Mn$_{11}$Ge$_8$, ce qui est cohérent avec les mesures magnétiques présentées au paragraphe précédent. Cependant, les pics situés à 35.12, 41.3, 42.5, 68, 74.5° indiquent que le Mn$_{11}$Ge$_8$ n'a pas d'orientation préférentielle par rapport au substrat de Ge, contrairement aux couches de Mn$_5$Ge$_3$ qui ont une orientation unique sur le Ge(111). Cela démontre que le film de Mn$_{11}$Ge$_8$ n'est pas formé par des plan spécifiques qui sont parallèles au plan (111) du Ge comme dans le cas du Mn$_5$Ge$_3$.

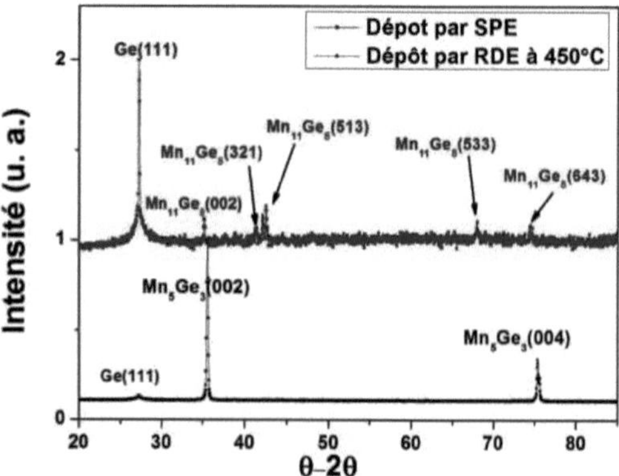

FIGURE 5.3.5 – Courbe de diffraction $\theta-2\theta$ d'une couche de Mn$_{11}$Ge$_8$ élaborée par RDE à 450°C. La courbe noire correspond à un échantillon de Mn$_5$Ge$_3$ élaborée par la technique classique de SPE.

Des observations de microscopie électronique en transmission à haute résolution sont nécessaires pour confirmer les mesures XRD et pour déterminer la structure cristalline du $Mn_{11}Ge_8$ et la qualité de l'interface avec le Ge(111). La figure 5.3.6 (a) représente les images en coupe transverse d'une couche de 150 nm de $Mn_{11}Ge_8C_{0.1}$ sur Ge(111).

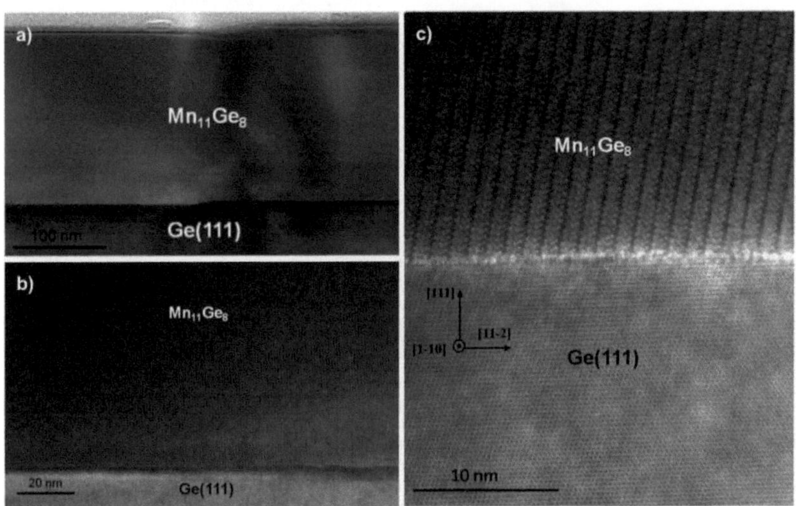

FIGURE 5.3.6 – Clichés de microscopie électronique d'une couche de $Mn_{11}Ge_8C_{0.1}$ épitaxiée sur Ge(111) élaborée par RDE à 450°C. (a) Clichés à faible agrandissement. (b) Cliché à haute résolution, l'axe de zone du germanium est [1-10].

Les différences structurales entre une couche de $Mn_{11}Ge_8$ et une couche de Mn_5Ge_3 sont visibles au TEM. Tout d'abord, le paramètre de maille mesuré en coupe transverse est plus grand, il est de 1.3 nm par rapport à 1 nm. Ensuite, on remarque que le réseau cristallin du $Mn_{11}Ge_8$ n'est plus perpendiculaire au plan de la couche mais fait un angle d'environ 10-12°. Par ailleurs la qualité de l'interface est moins abrupte que pour des couches de Mn_5Ge_3.

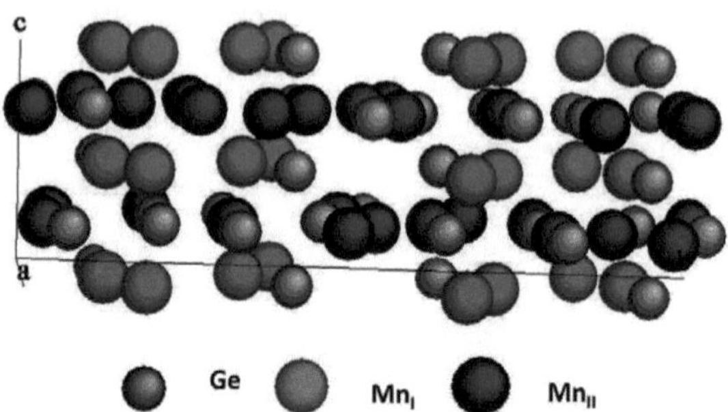

FIGURE 5.3.7 – Schéma de la structure orthorhombique du $Mn_{11}Ge_8$ vue en perspective.

Il est important de rappeler que le $Mn_{11}Ge_8$ est l'alliage le plus riche en germanium dans le diagramme de phase Mn-Ge, la composition en Ge est de 42%. Identifié en 1974 comme étant isostructural à $Mn_{11}Cr_8$ [93], la cellule élémentaire du $Mn_{11}Ge_8$ comprend 76 atomes [156]. Sa structure orthorhombique est donc relativement complexe. Afin de mieux la comprendre, une représentation schématique d'une maille de $Mn_{11}Ge_8$ est présentée sur la figure 5.3.7 en perspective.

Cependant, il est possible de mieux la comprendre en faisant une analogie avec le Mn_5Ge_3. La figure 5.3.8 présente les schémas des deux structures vues selon l'axe c. Ces schémas illustrent les similarités de ces deux composés : ils sont construits à partir d'une même brique de base a. Ces briques sont organisées en hexagones dans le composé Mn_5Ge_3 et en "haricots" dans le composé $Mn_{11}Ge_8$.

La différence vient de la brique b-1 qui comporte 6 atomes de manganèse dans Mn_5Ge_3 alors que la brique b-2 comprend 7 manganèses et 2 germaniums dans le $Mn_{11}Ge_8$. De fait, les briques a sont organisées en hexagones dans le composé Mn_5Ge_3 et en "haricots" dans le composé $Mn_{11}Ge_8$. Par ailleurs, il est également possible de définir deux sous-réseaux de Mn en poussant l'analogie avec le Mn_5Ge_3 : les Mn_I (au centre des briques a) et les Mn_{II} (qui composent les briques b-2) [157, 158].

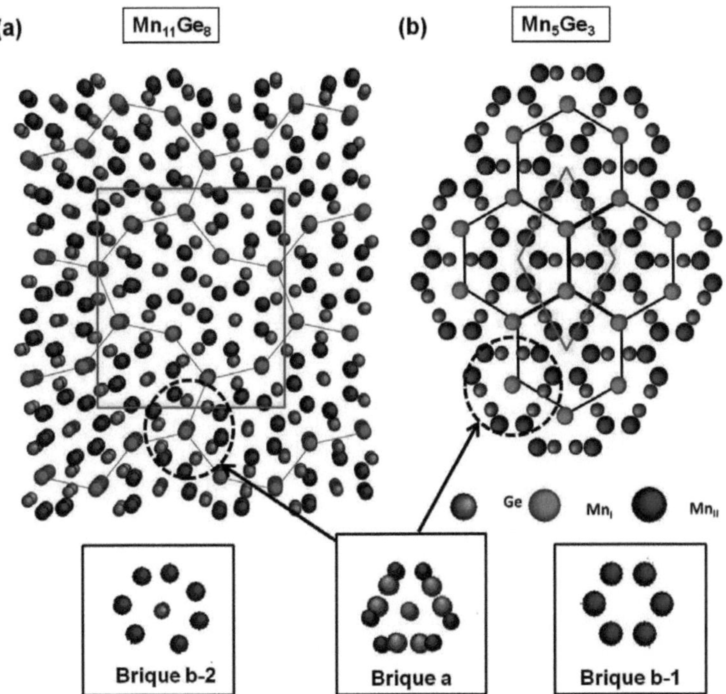

FIGURE 5.3.8 – Schéma des structures du $Mn_{11}Ge_8$ (a) et du Mn_5Ge_3 (b) vues selon l'axe c. Les traits rouges définissent la cellule élémentaire. La brique de base a est commune aux deux structures, seules les briques b-1 et b-2 marquent la différence entre les deux structures.

5.4 Conclusions

Ce chapitre a présenté la première étude sur l'incorporation de carbone dans les couches minces épitaxiées de Mn$_5$Ge$_3$C$_x$ sur Ge(111) par la méthode d'épitaxie en phase solide (SPE). En combinant les caractérisations structurales et magnétiques pour des concentrations de C allant de $x = 0$ à 0.9, nous avons mis en évidence la possibilité d'augmenter la température de Curie jusqu'à 425 K pour $x = 0.6$ tout en conservant une excellente qualité structurale de la couche et de l'interface avec le Ge. Notons qu'il est indispensable de travailler sur des couches présentant des interfaces planes pour limiter les diffusions électroniques avec retournement de spin. Ce résultat est prometteur quant à l'injection de spin dans le Ge.

Par ailleurs, au-delà de la concentration limite de carbone de $x = 0.6$, la formation de clusters (probablement à base de MnC) apparaît au sein de la couche et dégrade progressivement les propriétés magnétiques et structurales de nos films. La présence de ces défauts implique une baisse de la T$_C$ ainsi qu'une forte réduction de l'aimantation spontanée. Les calculs théoriques confirment le comportement de la T$_C$ et montrent également que la formation de composés de carbures de manganèses est énergétiquement favorable à partir d'une concentration $x = 0.5$.

Par ailleurs, les premiers résultats du dépôt RDE de Mn sur Ge(111) à une température de 450°C ont été présentés. Nous avons mis en évidence l'influence de la cinétique de dépôt sur la formation de phase. En effet, la croissance par RDE à 450°C a conduit à la formation d'une phase antiferromagnétique Mn$_{11}$Ge$_8$ qui, à notre connaissance, a pu être stabilisée pour la première fois sous forme de film mince. Les caractérisations magnétiques semblent indiquer que le film contient principalement la phase Mn$_{11}$Ge$_8$

avec une faible proportion de Mn_5Ge_3. Plus intéressant encore, nous avons montré que l'ajout d'une faible quantité de carbone a pour effet de mieux stabiliser cette nouvelle phase antiferromagnétique $Mn_{11}Ge_8$.

L'ensemble de ces résultats démontrent que la cinétique de croissance constitue un degré de liberté supplémentaire dans la manipulation des propriétés magnétiques des films minces et permet même de stabiliser de nouvelles phases.

Ces résultats très encourageants nous ont conduit à approfondir l'étude sur l'influence du carbone dans le composé Mn_5Ge_3. Après avoir démontré son rôle dans l'augmentation de la température de Curie et dans la stabilisation d'une nouvelle phase, nous allons nous concentrer dans le prochain chapitre sur la stabilité thermique des couches de $Mn_5Ge_3C_x$ induite par le C.

Chapitre 6

Stabilité thermique du Mn$_5$Ge$_3$: influence du carbone

Par des techniques de croissance hors-équilibre telles que l'épitaxie par jets moléculaires, nous avons montré qu'il est possible de réaliser la croissance épitaxiale de Mn$_5$Ge$_3$ sur un substrat de Ge(111), bien que ce ne soit pas la phase la plus stable du diagramme de phase binaire Mn-Ge. Par ailleurs, le principal inconvénient du Mn$_5$Ge$_3$, à savoir une faible température de Curie (T_C), a été surmonté par l'incorporation de faibles quantités de carbone entraînant une augmentation notable de la T_C jusqu'à 425K. L'obtention de films parfaitement épitaxiés possédant une interface lisse à l'échelle atomique et une haute T_C pour une concentration de carbone $x = 0.6$ entrouvre de nouvelles perspectives quant à l'utilisation de ce matériau dans la nouvelle génération de composants manipulant le spin.

Cependant, en plus des qualités requises pour réaliser une injection efficace d'un courant polarisé en spin à travers un semi-conducteur, la stabilité thermique de la couche mince ferromagnétique joue un rôle prépondérant lors de la fabrication et du fonctionnement d'un composant électronique. Par conséquent, la présente étude propose une analyse magnétique et structurale de couches de Mn$_5$Ge$_3$C$_x$ obtenues par SPE. L'association de la ma-

gnétométrie SQUID et des observations par TEM nous a permis d'évaluer leur stabilité à haute température. Les couches minces de $Mn_5Ge_3C_{0.6}$ ont montré une haute résistance thermique associée à des propriété magnétiques particulièrement remarquables.

6.1 Étude de la stabilité thermique

La compréhension des mécanismes gouvernant la stabilité thermique est par conséquent d'une grande importance. Dans ce contexte, nous avons décidé d'étudier la stabilité à haute température ($>$ 600°C) des couches minces de Mn_5Ge_3 et de $Mn_5Ge_3C_x$ sur Ge(111) afin de déterminer si ces deux composés répondent aux exigences de la microélectronique.

6.1.1 Croissance et caractérisations des échantillons avant recuit

Nous avons choisi d'étudier la stabilité thermique de Mn_5Ge_3 avec ou sans carbone sur deux échantillons :

— une couche de 150 nm d'épaisseur Mn_5Ge_3 sur Ge(111)
— une couche de 15 nm de $Mn_5Ge_3C_{0.6}$ sur Ge(111)

Le choix de ces échantillons s'est effectué selon deux critères importants : l'épaisseur de la couche et la qualité structurale et magnétique de la couche.

En effet, le recuit thermique implique l'interdiffusion des éléments présents dans la couche et particulièrement la diffusion massive du Ge du substrat vers la couche ferromagnétique. Le substrat peut être assimilé à un réservoir infini de Ge, et le fait d'étudier le recuit thermique sur un film épais permet d'observer la formation de phases successives, de plus en plus riche en Ge.

Concernant l'échantillon de Mn_5Ge_3 carboné, il est délicat d'élaborer des échantillons épais car la cellule de carbone utilisée est une cellule de dopage. Ce type de cellule possède une charge de graphite pyrolytique relativement petite (équivalent à un dépôt de 1 µm). L'élaboration de films carbonés d'une centaine de nm entraînerait donc l'utilisation d'une quantité importante de C, conduisant à l'épuisement trop rapide de la charge. La calibration du flux de cette source de C étant longue et fastidieuse, nous avons élaborés des échantillons d'une dizaine de nm d'épaisseur. De plus, comme nous le verrons plus tard, les effets d'épaisseur du film sont moins importants lors de l'étude de la stabilité thermique des couches carbonées.

Par ailleurs, nous avons choisi d'étudier une couche $Mn_5Ge_3C_x$ avec $x = 0.6$, concentration à laquelle la T_C est la plus élevée tout en conservant sa haute qualité cristalline. En effet, au-delà de cette concentration, des précipités apparaissent au sein de la couche ferromagnétique impliquant une dégradation des propriétés structurales et magnétiques.

Caractéristiques	Mn_5Ge_3	$Mn_5Ge_3C_{0.6}$
Épaisseur du film	150 nm	15 nm
Structure Interface Défauts	Monocristallin, épitaxié Relativement lisse Peu de dislocations	Monocristallin, épitaxié Abrupte Peu de dislocations
Température de Curie	297 K	425 K
Moment magnétique	2.8 μ_B/atomes de Mn	1.9 μ_B/atomes de Mn
Anisotropie magnétique	Aimantation dans le plan de la couche	Aimantation dans le plan de la couche

TABLE 6.1 – Caractéristiques principales des couches minces de Mn_5Ge_3 et de $Mn_5Ge_3C_{0.6}$ sur Ge(111) dédiées à l'étude de la stabilité thermique.

Ces deux échantillons ont été élaborés par la technique de croissance d'épitaxie en phase solide (SPE) décrite au chapitre 3 (paragraphe 3.2.1.). La croissance est suivie par RHEED en temps réel. La reconstruction caractéristique du Mn_5Ge_3 ($\sqrt{3} \times \sqrt{3}$)R30° [11, 129] apparaît à vers 450°C et confirment la formation de la phase de Mn_5Ge_3 après un recuit de 15 min. Les échantillons sont ensuite encapsulés par une couche de 5 nm de Ge afin d'éviter l'oxydation de la couche ferromagnétique.

La croissance terminée, ces échantillons ont tout d'abord été caractérisés par microscopie TEM et par magnétométrie SQUID. Ils présentent tous deux des propriétés structurales et magnétiques de très bonne qualité qui sont résumées dans le tableau 6.1.

6.1.2 Méthode de recuit thermique

Dans la pratique, un recuit thermique se définit essentiellement par deux points principaux :

— la température de recuit
— la durée du recuit

Dans notre cas, nous avons effectué des recuits thermiques pour une gamme de température allant de 600°C à 850°C avec un pas de 50°C. La durée de recuit a été fixée à 25 min pour chaque température, temps suffisamment long pour s'approcher le plus possible des conditions d'équilibre.

Afin que les échantillons aient les mêmes caractéristiques initiales avant chaque recuit thermique, les deux échantillons utilisés sont découpés chacun en 5 morceaux. Chaque morceau d'échantillon est ensuite collé sur un molybloc avec de l'indium afin d'obtenir un contact thermique optimal. Les échantillons sont alors introduit dans la chambre MBE et un recuit thermique *in situ* à une température donnée est alors effectué pendant environ 25 min.

Rappelons que deux autres paramètres sont importants lors du traitement thermique : la vitesse de montée de température et celle de refroidissement après recuits. Afin d'établir des comparaisons entre les différents recuits thermiques effectués, nous avons pris soin de conserver ces deux paramètres constants dans toutes les expériences.

6.2 Stabilité thermique du Mn_5Ge_3

Dans le but de déterminer la stabilité thermique des couches minces de Mn_5Ge_3, nous avons tout d'abord effectué des mesures de magnétométrie SQUID et comparé les mesures d'aimantation en fonction du champ $M(H)$, de la température $M(T)$ et les mesures de refroidissement en champ et refroidissement en champ nul (Field Cooled-Zero Field Cooled FC-ZFC). Ces mesures macroscopiques vont nous donner des renseignements précieux sur le domaine de stabilité de la phase Mn_5Ge_3 ainsi que sur la présence de défauts et/ou la transformation de phases au sein des couches minces de Mn_5Ge_3 en fonction de la température.

Mesures d'aimantation

L'évolution du comportement en champ d'une couche de Mn_5Ge_3 ayant subi des recuits thermiques à 600 et 650°C est présentée sur la figure 6.2.1. Avant recuit, le film mince de Mn_5Ge_3 possède des propriétés magnétiques proches de celles du matériau massif avec M_{sat}= 1321 emu/cm^3, un champ coercitif $H_C = 300$ Oe, une aimantation rémanente $M_R = 125$ emu/cm^3

et un axe de facile aimantation qui se situe dans le plan du film. Après un recuit à 600°C pendant 25 min, le caractère ferromagnétique est conservé car peu de changements sont visibles : l'échantillon présente encore un cycle d'hystérésis comparable à celui de l'échantillon avant recuit. Les seules différences sont des valeurs sensiblement plus faibles pour l'aimantation à saturation, le champ coercitif et l'aimantation rémanente avec $M_{sat} = 1090$ emu/cm^3, $H_C = 200$ Oe et $M_R = 100$ emu/cm^3. Par contre, après un recuit à 650°C, l'échantillon perd complètement son caractère ferromagnétique avec une aimantation à saturation qui chute à 6 emu/cm^3.

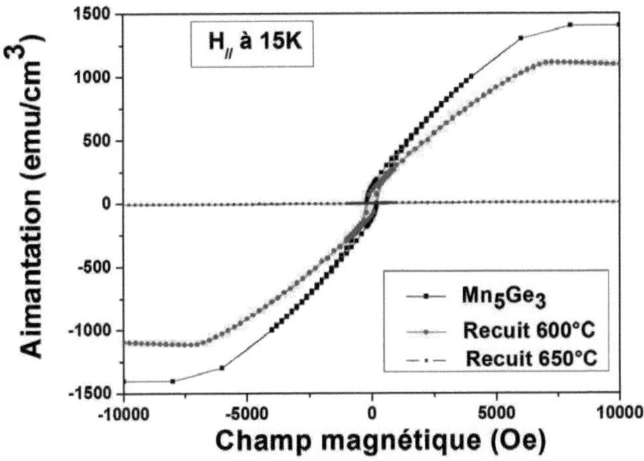

FIGURE 6.2.1 – Évolution des propriétés magnétiques de Mn$_5$Ge$_3$ en fonction des températures de recuits : Cycles d'hystérésis mesurés par SQUID à 15 K d'une couche de Mn$_5$Ge$_3$ près recuits thermiques à 600°C et 650°C. La couche de référence (avant recuit) correspond à la courbe noire.

Des mesures $M(T)$ ont été réalisé afin de mieux comprendre la chute extraordinaire de l'aimantation lors de recuit thermique à 650°C. Ces mesures sont présentées sur la figure 6.2.2, l'aimantation a été normalisée afin de produire une comparaison visible. Sur cette figure, l'échantillon avant recuit révèle un comportement caractéristique d'un matériau ferromagnétique : l'aimantation est maximale à basse température puis diminue progressivement jusqu'à la température de Curie qui est de 297 K. Après un recuit à 650°C, les mesures $M(T)$ présentent une toute autre évolution : l'aimantation est très faible à basse température et ce jusqu'à environ 100 K, puis elle augmente sensiblement pour atteindre une aimantation maximale vers 170 K. Enfin, au-delà de 170-180 K, l'aimantation diminue progressivement jusqu'à atteindre à nouveau une aimantation très faible. L'allure de cette courbe $M(T)$ est très similaire à celle obtenue lors des dépôts par RDE à 450°C (cf chapitre 5.3.4) et correspond sans ambiguïté à la phase $Mn_{11}Ge_8$ [94]. En effet, deux transitions sont clairement distinctes sur cette courbe : une transition d'un état ferromagnétique à un état antiferromagnétique à une température de Néel $T_N = 150$ K et une transition d'un état ferromagnétique à un état paramagnétique vers 275 K.

Ces mesures démontrent ainsi qu'au-delà de 600°C, la transformation de la phase ferromagnétique Mn_5Ge_3 en une phase antiferromagnétique, plus riche en Ge, se produit. Notons cependant que l'aimantation à basse température n'est pas complètement nulle pour des recuits supérieurs à 650°C, ce qui suggère la présence d'une faible proportion d'une phase ferromagnétique (probablement Mn_5Ge_3 ou une phase Mn_xGe_y FM).

Ces résultats révèlent que la phase Mn_5Ge_3 conservent son intégrité jusqu'à une température de 600°C, ce qui est en bon accord avec les travaux de Wittmer *et al.* [117]. Au-delà de cette température, elle se transforme en majorité en $Mn_{11}Ge_8$ et perd par conséquent son caractère ferromagnétique.

Nous avons ensuite effectués des recuits à des températures plus élevée,

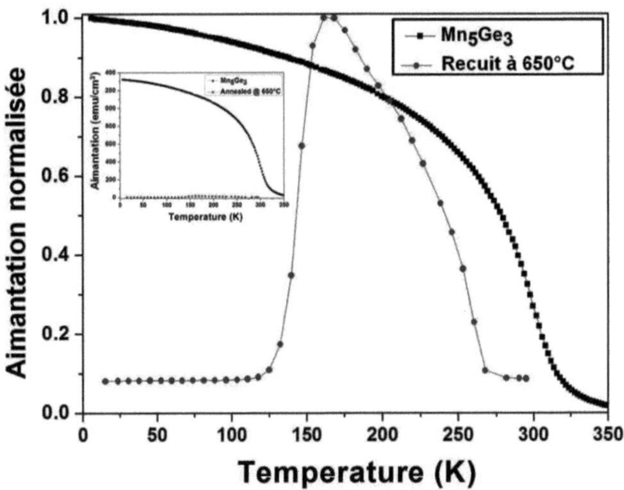

FIGURE 6.2.2 – Mesures $M(T)$ du Mn_5Ge_3 avant et après un recuit à 650°C. Le champ appliqué dans le plan du film est de 1 kOe. Lors d'un recuit à 650°C, on observe une transition antiferromagnétique/ferromagnétique à 150 K puis une transition ferromagnétique/paramagnétique vers 275 K, caractéristique de la phase $Mn_{11}Ge_8$. L'insert présente les mesures $M(T)$ non normalisées.

allant de 700 à 800°C. La figure 6.2.3 présente l'évolution des cycles d'hystérésis à 15 K et à 180 K pour des recuits supérieurs à 650°C, le champ étant appliqué dans le plan de la couche. Sur la figure 6.2.3 (a), on voit clairement une augmentation de l'aimantation à saturation qui passe de 6 à 20 emu/cm^3. La valeur du champ coercitif reste relativement constante avec $H_C = 300 - 400$ Oe . Puisque nous venons de voir que la transition antiferromagnétique/ferromagnétique a lieu à 150K, nous avons effectué des mesures $M(H)$ à 180 K, température à laquelle l'échantillon présente une aimantation maximale. A cette température, le recuit à 650° conduit à un cycle d'hystérésis assez carré, avec $M_{sat} = 18$ emu/cm^3 et un champ coercitif $H_C = 400$ Oe. En augmentant la température de recuit à 750 et 800°C, M_{sat} et H_C augmentent progressivement jusqu'à atteindre des valeurs de $M_{sat} = 353$ emu/cm^3 et $H_C = 550$ Oe pour un recuit à 800°C. La présence d'un cycle d'hystérésis à 15 K lors de recuits à 750 et 800°C nous indique que la couche possède encore un très faible caractère ferromagnétique. Ce résultat nous suggère que la phase $Mn_{11}Ge_8$ est prépondérante lors de recuit supérieur à 650°C, mais qu'il reste probablement des clusters de Mn_5Ge_3 ou d'un autre composé ferromagnétique, qui sont responsables du faible ferromagnétisme observé à cette température.

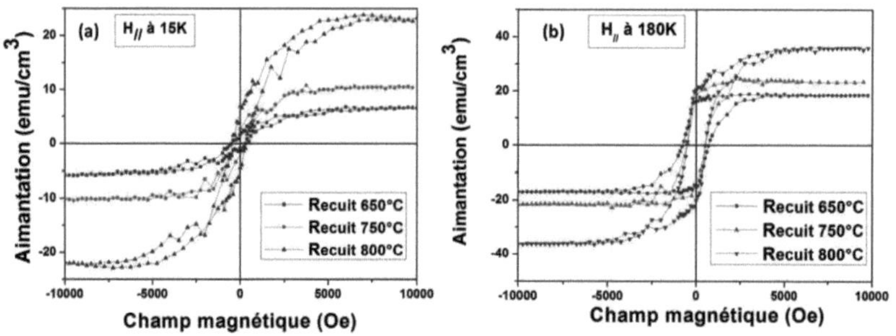

FIGURE 6.2.3 – Cycles d'hystérésis mesurés par SQUID à 15K (a) et à 180K (b) d'une couche de Mn_5Ge_3 obtenus après recuits à différentes températures : 650, 750 et 800°C. Le champ magnétique est appliqué dans le plan de la couche.

Mesures Field Cooled - Zero Field Cooled (FC-ZFC)

Les résultats des mesures de refroidissement en champ (FC) et de refroidissement en champ nul (ZFC) obtenus sur une couche de Mn_5Ge_3 ayant subi des recuits à différentes températures sont présentés sur la figure 6.2.4.

A partir de 650°C (les mesures FC-ZFC à 650°C ne sont pas présentées), les courbes FC-ZFC sont quasiment superposables et présentent les deux transitions AFM/FM et FM/PM caractéristiques de la phase $Mn_{11}Ge_8$, ce qui confirme bien l'apparition de cette phase à partir de 650°C et ce jusqu'à 800°C.

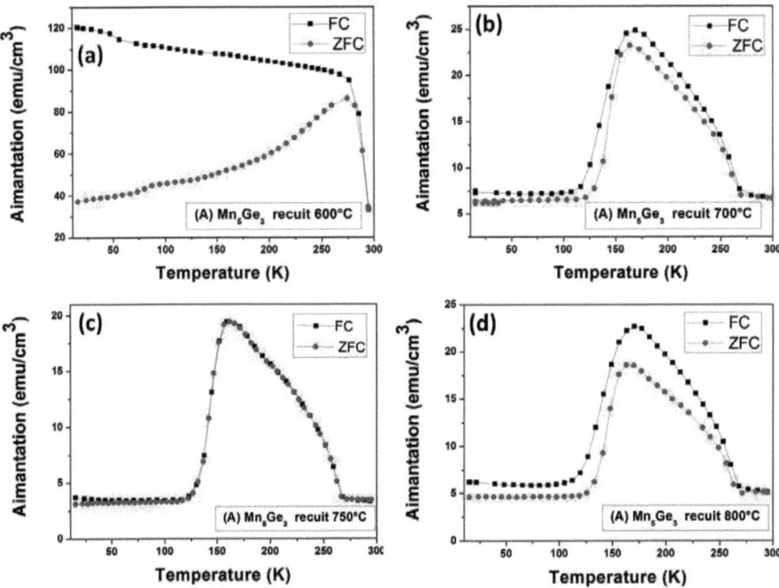

FIGURE 6.2.4 – Mesures Field Cooled - Zero Field Cooled (FC-ZFC) d'un film de Mn_5Ge_3 recuit à différentes températures. Le champ magnétique appliqué pour la courbe Field Cooled (FC) est de 100 Oe. Les mesures ont été effectuées par SQUID pour des recuits de 600°C (a), 700°C (b), 750°C (c) et 800°C (d).

Afin de mettre en évidence la formation du $Mn_{11}Ge_8$ à partir de 650°C et d'en déterminer la forme, la proportion ainsi que son évolution en fonction de la température de recuit, des analyses structurales sont nécessaires. En particulier, la révélation de faibles contribution de phase FM qui coexistent avec la phase dominante 11/8, nécessite à la fois des analyses systématiques et détaillées. De plus, ces analyses doivent être effectuées à chaque température de recuit afin de suivre leur évolution. Ces caractérisations structurales, notamment par TEM, sont actuellement en cours. Notons que du fait que la phase $Mn_{11}Ge_8$ est plus en riche en Ge que la phase Mn_5Ge_3 et que la diffusion du Ge provient du substrat, on peut raisonnablement penser que la formation du $Mn_{11}Ge_8$ démarre principalement au niveau de l'interface avec le Ge.

6.3 Stabilité thermique du $Mn_5Ge_3C_{0.6}$

Après avoir démontré la stabilité thermique des couches minces de Mn_5Ge_3 jusqu'à une température de 600°C, nous avons effectué le même type de mesures de magnétométrie SQUID (mesures $M(H)$, $M(T)$ et FC-ZFC) sur une couche mince de $Mn_5Ge_3C_{0.6}$ afin de mettre en évidence le rôle éventuel du carbone dans le maintien des propriétés structurales et magnétiques du composé. Ces mesures magnétiques combinées aux analyses structurales par TEM permettront de mieux comprendre le comportement des couches de Mn_5Ge_3 dopées au carbone et vont nous donner des renseignements sur le domaine de température où les couches de $Mn_5Ge_3C_{0.6}$ gardent leur intégrité.

6.3.1 Propriétés magnétiques du $Mn_5Ge_3C_{0.6}$ recuit

L'évolution des cycles d'hystérésis des couches de $Mn_5Ge_3C_{0.6}$ en fonction de la température de recuit est présentée sur la figure 6.3.1. Ces mesures ont été réalisé par SQUID à 15 K avec le champ magnétique appliqué dans le plan de la couche (a) et perpendiculaire la plan de la couche (b). Sur ces deux graphes, on constate que le caractère ferromagnétique est conservé, même pour un recuit à 850°C. Ce résultat est particulièrement surprenant puisque nous venons de démontrer que la stabilité thermique d'une couche de Mn_5Ge_3 sans carbone est limitée à 600°C. L'échantillon contenant du carbone démontre une stabilité thermique bien supérieure à celui sans C (250°C de différence), indiquant une forte influence du carbone dans la stabilité du composé.

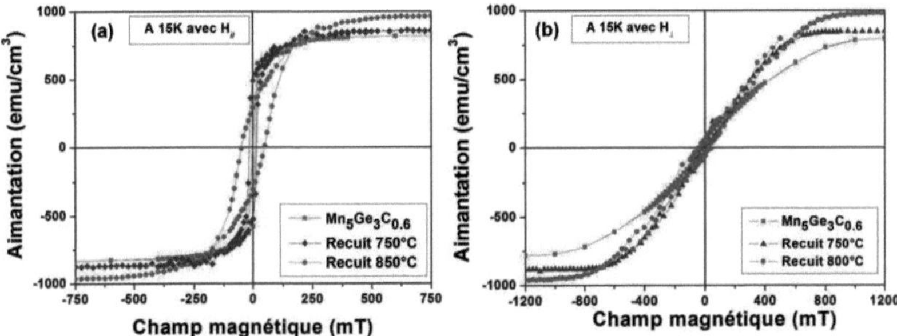

FIGURE 6.3.1 – Cycles d'hystérésis mesurés par SQUID à 15K d'une couche de Mn_5Ge_3 $C_{0.6}$ épitaxiées sur Ge(111) ayant subi différents recuits thermiques. La couche de référence (avant recuit) correspond à la courbe noire. Le champ magnétique est appliqué dans le plan de la couche (a) et perpendiculaire au plan de la couche (b).

Par ailleurs, quelque soit la température de recuit, le champ à saturation appliqué dans le plan est toujours inférieur à 250 mT alors qu'un champ magnétique de plus de 600 mT est nécessaire pour saturer l'échantillon dans la direction perpendiculaire : l'axe de facile aimantation demeure dans le plan de la couche mince.

La couche de $Mn_5Ge_3C_{0.6}$ avant recuit possède une aimantation à saturation $M_{sat} = 800$ emu/cm³, valeur plus faible que celle du matériau massif du fait de la présence du carbone dans le Mn_5Ge_3 [122]. Lors de recuit à des températures supérieures à 650°C, M_{sat} augmente jusqu'à atteindre la valeur de $M_{sat} = 960$ emu/cm^3 pour un recuit à 850°C. Par ailleurs, les cycles d'hystérésis s'élargissent lorsqu'on augmente la température du recuit. Le champ coercitif passe d'une valeur $H_C = 80$ Oe pour l'échantillon non recuit à $H_C = 500$ Oe pour un recuit à 850°C. Cet accroissement de la coercivité se produit généralement lorsque le nombre de défauts de faibles dimensions augmentent dans le couche ferromagnétique, entraînant un blocage des parois de domaines. En effet ces défauts agissent comme des zones d'ancrage pour les parois de domaines qui gênent leur mobilité et affectent l'énergie d'échange. Ce blocage rend plus difficile le renversement de l'aimantation dans la couche, d'où une coercivité plus élevée. Lorsque le champ est appliqué dans le plan de la couche (Fig. 6.3.1 (a)), on observe une augmentation de l'aimantation rémanente M_R lorsque l'on augmente la température de recuit. M_R passe de 150 emu/cm^3 avant recuit à plus de 500 emu/cm^3 pour une couche de $Mn_5Ge_3C_{0.6}$ après recuit à 850°C.

Les courbes d'aimantation en champ perpendiculaire (Fig. 6.3.1 (b)) évoluent peu en fonction de la température de recuit. Elles se caractérisent par un comportement linéaire autour de l'origine et cette linéarité reste valable aux valeurs de champ comprise entre -400 à +400 mT. Cette linéarité provient probablement d'une rotation uniforme de l'aimantation quand l'intensité du champ magnétique augmente. Un faible élargissement des cycles d'hystérésis est cependant observé lors des recuits à 750 et 800°C, traduisant également une augmentation de la coercivité.

Les effets de recuit thermique se manifestent aussi sur l'évolution de l'aimantation en fonction de la température. Nous présentons sur la figure 6.3.2 l'évolution de $M(T)$ après des recuits à 750 et 850°C. Tout d'abord, il est important de souligner que le passage de la courbe noire à la courbe rouge met en évidence l'augmentation de la T_C due à l'incorporation de

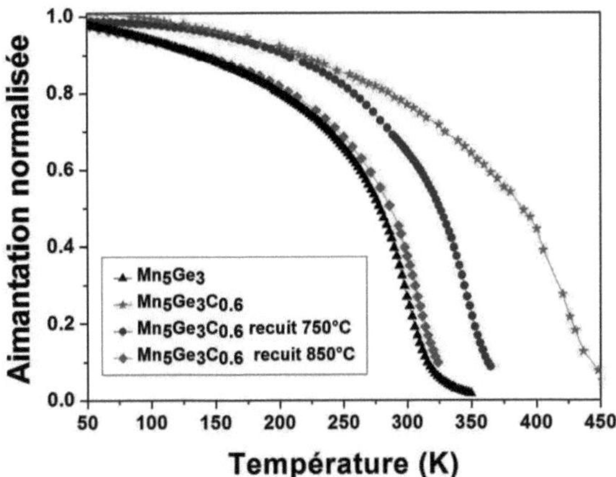

FIGURE 6.3.2 – Évolution de l'aimantation normalisée en fonction de la température après des recuits à 750 et 850°C. Le champ appliqué dans le plan du film est de 1 kOe.

carbone. On observe une transition dans le sens inverse induite par les effets de recuits : la T_C deviennent plus faible et l'aimantation augmente sensiblement après un recuit à 750°C, et plus intéressant encore, on obtient presque la même aimantation et la même T_C que celle de Mn_5Ge_3 après le recuit à 850°C. Cette évolution met en évidence une transition réversible de l'évolution de l'aimantation de Mn_5Ge_3 lors de dopage au carbone et lors de recuits des couches carbonées.

6.3.2   Propriétés structurales du $Mn_5Ge_3C_{0.6}$ recuit

La figure 6.3.3 présente deux images de la zone d'interface d'une couche de 15 nm de $Mn_5Ge_3C_{0.6}$ après un recuit à 750°C.

Les images révèlent que l'interface Mn_5Ge_3/Ge est une fois encore d'excellente qualité, abrupte et plane à grande échelle. Aucune phase secondaire n'a pu être détectée dans cet échantillon. Ce résultat est cohérent avec les mesures magnétiques présentées précédemment, qui indiquent que les couches Mn_5Ge_3 carbonées demeurent stables après un recuit à 750°C. Autrement dit, l'ajout de carbone dans les couches de $Mn_5Ge_3C_{0.6}$ a empêché la transition de phases de Mn_5Ge_3 vers la phase antiferromagnétique $Mn_{11}Ge_8$.

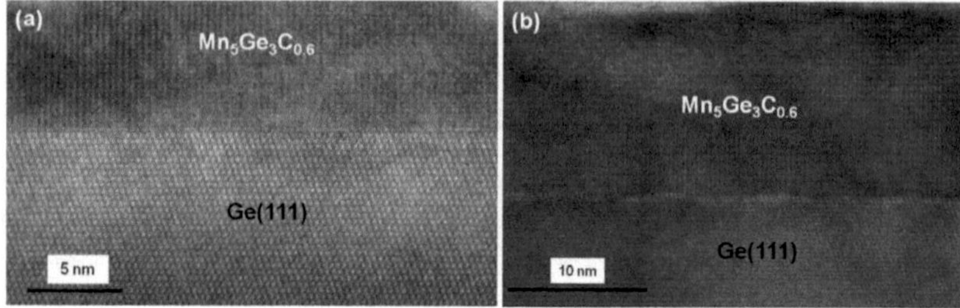

FIGURE 6.3.3 – Clichés de microscopie électronique en transmission d'une couche de $Mn_5Ge_3C_{0.6}$ après un recuit à 750°C.

Par contre, un recuit à 850°C conduit à la formation d'une interface et aussi d'une surface plus rugueuse. La figure 6.3.4 présente une image TEM obtenue après un recuit à 850°C. Malgré que la couche apparaît encore uniforme, on y constate une très forte rugosité de l'interface. Par ailleurs, on observe dans certains endroits la présence de trous à l'intérieur de la couche (indiqué par le cercle rouge pointillé). L'origine de ce type de défauts n'est pas encore connu mais cela démontre un mouvement massif de la matière à l'intérieur de la couche lors de recuit à cette température. Cependant, notons que la couche demeure ferromagnétique, aucune signature d'une phase antiferromagnétique n'est observée.

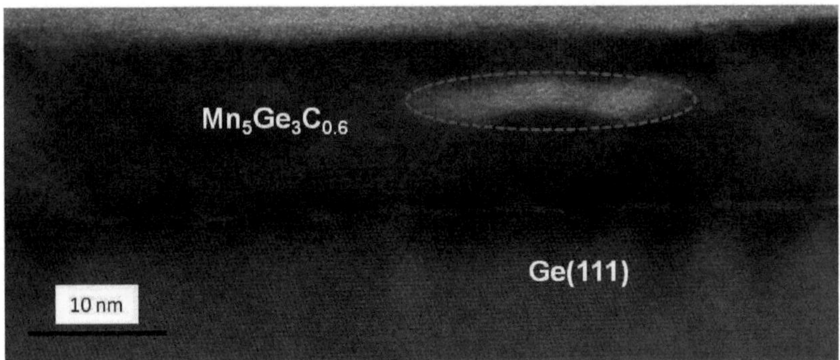

FIGURE 6.3.4 – Cliché de microscopie électronique en transmission à haute résolution (HR-TEM) d'une couche de $Mn_5Ge_3C_{0.6}$ après un recuit à 850°C.

6.4   Conclusions

Nous nous sommes intéressés dans ce travail à la stabilité thermique de films minces de Mn_5Ge_3 épitaxiés sur des substrats de Ge. Nous avons considéré l'influence de la température de recuit sur les caractéristiques morphologiques, structurales et magnétiques des films.

L'ensemble de ces analyses a montré que :

— Les films de Mn_5Ge_3 sont thermiquement stables jusqu'à 600°C. A partir de cette température, une transition de phase vers le composé antiferromagnétique $Mn_{11}Ge_8$ a été mis en évidence ;

— Comme nous avons présenté auparavant, la phase Mn_5Ge_3 n'est pas la phase la plus stable dans le diagramme de phase Mn-Ge. Grâce à l'effet d'épitaxie et de par sa structure hexagonale qui est similaire au Ge(111), nous avons montré qu'il est possible de stabiliser cette phase sous forme de films minces. Un recuit thermique post-croissance a tendance à conduire le système vers un état plus stable, ce qui explique la transformation de Mn_5Ge_3 vers la phase $Mn_{11}Ge_8$.

— L'ajout du carbone dans les films de Mn_5Ge_3 a permis d'empêcher cette transition de phase. Les films Mn_5Ge_3 carbonés demeurent ferromagnétiques jusqu'à des température de recuit de 850°C. Il est aussi important de souligner que les propriétés structurales des films demeurent inchangées jusqu'à une température de recuit de 750°C, et à 850°C, on n'observe qu'une légère augmentation de la rugosité d'interface.

— Cependant, l'évolution des propriétés magnétiques des couches de Mn_5Ge_3 carbonées vers celles du composé Mn_5Ge_3 sans carbone suggère que, lors de recuits, le carbone quitte progressivement les sites interstitiels au fur et à mesure que la température de recuit augmente. Nous avons mis en évidence une transition réversible des propriétés magnétiques du composé Mn_5Ge_3 lors du dopage avec le carbone et lors de recuits thermiques post-croissance.

Conclusion générale

Cette thèse se situe dans le cadre de l'élaboration d'hétérostructures d'un nouveau composé ferromagnétique sur le Ge, l'un des semi-conducteurs de base de micro-électronique. Elle a été réalisée au Centre Interdisciplinaire des Nanosciences de Marseille (CINaM) au sein du groupe "Hétérostructures SiGe". Le but de ce travail a consisté en la croissance par épitaxie par jets moléculaires et l'étude des propriétés structurales et magnétiques de Mn_5Ge_3 sur Ge(111). Métallique, ferromagnétique à température ambiante et stable sous forme de films minces épitaxiés, ce matériau présente *a priori* un fort potentiel en tant qu'injecteur d'un courant polarisé en spin dans les semi-conducteurs du groupe IV. S'agissant d'un matériau relativement nouveau, un des efforts majeurs a porté sur la maîtrise de la croissance des couches minces de Mn_5Ge_3 par la technique d'épitaxie en phase solide (SPE). Par conséquent, un fort accent a été mis sur les caractérisations structurales, la détermination des relations d'épitaxie avec le Ge(111), afin de les relier aux propriétés magnétiques des films. La seconde partie de ce travail a été consacrée à l'étude des processus cinétiques d'incorporation de carbone dans les couches minces de Mn_5Ge_3. La combinaison des différents moyens de caractérisations structurales et magnétiques a permis, là encore, d'aboutir à une excellente qualité structurale de la couche et de l'interface avec le Ge avec une augmentation notable de la température de Curie. Tous ces résultats indiquent que les couches minces de $Mn_5Ge_3C_x$

épitaxiées sur Ge(111) apparaissent comme des candidats attractifs pour l'injection de spin dans les semi-conducteurs du groupe IV.

1. Résultats marquants de cette étude

1.1. Système Mn_5Ge_3 sur Ge(111)

L'ensemble des moyens de caractérisations utilisés (diffraction de surface (RHEED), diffraction des rayons X (XRD), microscopie électronique en transmission de haute résolution (HRTEM), magnétométrie (SQUID, VSM)) nous a permis de définir les conditions nécessaires pour obtenir des couches minces de Mn_5Ge_3 continues, entièrement épitaxiées et exemptes de toutes phases secondaires. La technique de croissance par épitaxie en phase solide (SPE) a conduit à la formation de films possédant un ordre cristallin remarquable à longue distance et une interface abrupte avec le Ge. Un des résultats particulièrement intéressant est l'absence de dislocations émergeantes dans tous les échantillons réalisés, et ce malgré un désaccord de paramètres de maille de 3.7% entre le Mn_5Ge_3 et le Ge. L'état de contraintes dans les couches épitaxiées n'a malheureusement pas pu être déterminé de façon concluante. Des études plus détaillées, en particulier aux grands instruments, seront nécessaires pour déterminer l'état microscopique et macroscopique de contraintes dans les films.

L'étude des propriétés magnétiques démontre un comportement en bon accord avec les études reportées sur le matériau à l'état massif : la température de Curie du Mn_5Ge_3 est de 297 K et le moment magnétique est d'environ 2.8 μ_B/ atome de Mn. Cependant, la comparaison des cycles d'hystérésis suivant le plan du film et perpendiculaire au plan du film (direction cristallographique [001]) a mis en évidence une anisotropie magnétique particulière : l'axe de facile aimantation se situe dans le plan du film, contrairement au matériau massif qui possède un axe de facile aimantation le long de l'axe cristallographique [001]. Enfin, les premières mesures électriques indiquent un caractère métallique et un comportement Schottky du contact Mn_5Ge_3/Ge.

Une étude plus approfondie sur l'anisotropie magnétique des films minces de Mn_5Ge_3 sur Ge(111) et son évolution en fonction de l'épaisseur des films (de quelques nm jusqu'à 185 nm) a été réalisée au chapitre 4. La qualité structurale analysée par RHEED, TEM et par XRD démontrent que les films demeurent épitaxiés et monocristallins même pour des épaisseurs importantes (jusqu'à 185 nm). Des cycles d'aimantation en configuration planaire et perpendiculaire ont été réalisés en fonction de l'épaisseur et révèlent un comportement magnétique original. La constante d'anisotropie effective démontre un terme d'anisotropie magnétique de forme prépondérant comparé au terme d'anisotropie magnétocristalline, et ce même pour des épaisseurs allant jusqu'à 185 nm. Ces mesures révèlent qu'aucun basculement de l'axe de facile aimantation n'a pu être observé, et ce même pour des épaisseurs de 185 nm.

1.2. Cinétique d'incorporation de carbone dans Mn_5Ge_3 sur Ge(111)

En combinant les caractérisations structurales et magnétiques pour des concentrations de C allant de $x = 0$ à 0.9 dans les couches minces de $Mn_5Ge_3C_x$, nous avons mis en évidence la possibilité d'augmenter la température de Curie jusqu'à 425 K pour $x = 0.6$ tout en conservant une excellente qualité structurale de la couche et de l'interface avec le Ge. A partir d'une concentration de carbone $x > 0.6$, la formation de clusters de

MnC a été mise en évidence et a pu être thermodynamiquement expliquée. La présence de ces clusters a conduit à une réduction de la T_C ainsi qu'une baisse de l'aimantation spontanée. Les calculs théoriques confirment que la formation de composés de carbures de manganèses est énergétiquement favorable à partir d'une concentration $x = 0.5$ et donnent une bonne prédiction de l'évolution de la T_C.

Par ailleurs, les premiers résultats de dépôt de Mn par RDE à 450°C ont été présentés. Cette méthode de croissance nous a conduit à la formation de la phase antiferromagnétique $Mn_{11}Ge_8$ qui est, à notre connaissance, stabilisée sous forme de films minces pour la première fois. L'ajout de carbone lors de la croissance a pour effet de mieux stabiliser cette nouvelle phase.

L'ensemble de ces résultats démontre qu'il est possible de modifier les propriétés magnétiques des films minces et même de stabiliser de nouvelles phases en jouant sur la cinétique de croissance des films.

1.3. Stabilité thermique de $Mn_5Ge_3C_x$: influence du carbone

Une stabilité thermique jusqu'à une température de 600°C a été démontré dans les couches minces de Mn_5Ge_3. Au-delà de cette température, il y a une transformation des propriétés structurales et magnétiques avec l'apparition du composé antiferromagnétique $Mn_{11}Ge_8$.

Par contre, les couches minces de $Mn_5Ge_3C_x$ demeurent stables thermiquement jusqu'à une température de 850°C, aucune transformation de phase n'a été observée. Seule la température de Curie diminue pour atteindre une valeur proche de celle des couches sans carbone. Ce résultat met en évidence une transition réversible des propriétés magnétiques du composé Mn$_5$Ge$_3$ lors du dopage avec le carbone et lors de recuits thermiques post-croissance. L'ajout de carbone permet non seulement d'augmenter la température de Curie mais également d'obtenir une stabilité thermique beaucoup plus élevée tout en gardant une excellente qualité structurale et d'interface avec le Ge.

2. Perspectives

À travers ce travail de thèse, nous avons étudié la synthèse, les propriétés magnétiques et structurales d'un nouveau matériau en épitaxie sur Ge, qui avec le Si sont les deux matériaux de base de la micro-électronique traditionnelle. Nous avons réussi à maîtriser un certain nombre de paramètres clés dans la synthèse de matériau et nous avons mis en évidence un certain nombre de propriétés originales du système Mn$_5$Ge$_3$/Ge. En particulier, nous avons montré que l'ajout de C a permis d'augmenter la température de Curie bien au-delà de la température ambiante. L'ensemble de ces résultats suggère que les hétérostructures Mn$_5$Ge$_3$ et Mn$_5$Ge$_3$C$_x$ sur Ge constituent un système de forte potentialité pour la réalisation de dispositifs de test d'injection de spin qui sont compatibles avec la technologie silicium.

Différentes types de structures peuvent être envisagés :

(i) L'une des structures simples permettant d'évaluer l'efficacité d'injection de spin du système Mn$_5$Ge$_3$/Ge est la réalisation d'une spin-LED, qui est actuellement en cours. Nous avons choisi une structure comprenant une couche de Mn$_5$Ge$_3$ et de Mn$_5$Ge$_3$C$_x$ en épitaxie sur une diode Ge $p - i - n$. L'injection du courant polarisé en spin sera assurée par effet tunnel à travers la barrière de Schottky formée à l'interface et la détection sera mesurée par voie optique via des mesures d'électroluminescences et/ou de photoluminescences.

(ii) L'autre voie envisagée consiste à utiliser des structures semi-conductrices latérales dans lesquelles l'on pourrait détecter électriquement, par des mesures de magnétorésistance, les effets d'accumulation de spin dans le canal semi-conducteur. La réalisation de ce type de structures de test pour évaluer l'efficacité d'injection de spin dans le Ge fait l'objet d'une collaboration avec plusieurs groupes[1],[2].

---

1. Collaboration avec Jörg Schulz, Institut de Stuttgart
2. Collaboration avec H.Saito et S. Yuasa, National Institute of Advanced Industrial Science and Technology AIST, Tuskuba, Japon.

Bibliographie

[1] Baibich, M. N., Broto, J. M., Fert, A., Van Dau, F. Nguyen, Petroff, F., Etienne, P., Creuzet, G., Friederich, A., and Chazelas, J., "Giant Magnetoresistance of (001)Fe/(001)Cr Magnetic Superlattices," *Phys Rev Lett*, volume 61, no. 21, pp. 2472–2475, Nov 1988

[2] Binasch, G., Grünberg, P., Saurenbach, F., and Zinn, W., "Enhanced magnetoresistance in layered magnetic structures with antiferromagnetic interlayer exchange," *Phys Rev B*, volume 39, no. 7, pp. 4828–4830, Mar 1989

[3] Ohno, Y., Young, D. K., Beschoten, B., Matsukura, F., Ohno, H., and Awschalom, D. D., "Electrical spin injection in a ferromagnetic semiconductor heterostructure," *Nature*, volume 402, no. 6763, pp. 790–792, December 1999

[4] Jonker, B. T., Park, Y. D., Bennett, B. R., Cheong, H. D., Kioseoglou, G., and Petrou, A., "Robust electrical spin injection into a semiconductor heterostructure," *Phys Rev B*, volume 62, no. 12, pp. 8180–8183, Sep 2000

[5] Crooker, S. A., Furis, M., Lou, X., Adelmann, C., Smith, D. L., Palmstrom, C. J., and Crowell, P. A., "Imaging Spin Transport in Lateral Ferromagnet/Semiconductor Structures," *Science*, volume 309, no. 5744, pp. 2191–2195, 2005

[6] Appelbaum, I., Huang, B., and Monsma, D.-J., "Electronic measurement and control of spin transport in silicon," *Nature*, volume 447, no. 7142, pp. 295–298, May 2007

[7] Adelmann, C., Lou, X., Strand, J., Palmstrøm, C. J., and Crowell, P. A., "Spin injection and relaxation in ferromagnet-semiconductor heterostructures," *Phys Rev B*, volume 71, no. 12, p. 121301, Mar 2005

[8] Fert, A. and Jaffrès, H., "Conditions for efficient spin injection from a ferromagnetic metal into a semiconductor," *Phys Rev B*, volume 64, no. 18, p. 184420, Oct 2001

[9] Jiang, X., Wang, R., Shelby, R. M., Macfarlane, R. M., Bank, S. R., Harris, J. S., and Parkin, S. S. P., "Highly Spin-Polarized Room-Temperature Tunnel Injector for Semiconductor Spintronics using MgO(100)," *Phys Rev Lett*, volume 94, no. 5, p. 056601, Feb 2005

[10] Zhu, H. J., Ramsteiner, M., Kostial, H., Wassermeier, M., Schönherr, H.-P., and Ploog, K. H., "Room-Temperature Spin Injection from Fe into GaAs," *Phys Rev Lett*, volume 87, no. 1, p. 016601, Jun 2001

[11] Zeng, C., Erwin, S. C., Feldman, L. C., Jin, A. P. Liand R., Song, Y., Thompson, J. R., and Weitering, H. H., "Epitaxial ferromagnetic Mn_5Ge_3 on Ge(111)," *Applied Physics Letters*, volume 83, no. 24, pp. 5002–5004, 2003

[12] Yamane, K., Hamaya, K., Ando, Y., Enomoto, Y., Yamamoto, K., Sadoh, T., and Miyao, M., "Effect of atomically controlled interfaces on Fermi-level pinning at metal/Ge interfaces," *Applied Physics Letters*, volume 96, no. 16, p. 162104, 2010

[13] Mott, N. F., "The electrical conductivity of transition metals," *Proc R Soc London Ser A*, volume 153, pp. 368–382, November 1936

[14] Büttiker, M., "Coherent and sequential tunneling in series barriers," *IBM J Res Dev*, volume 32, no. 1, pp. 63–75, 1988

[15] Wolf, S. A., Awschalom, D. D., Buhrman, R. A., Daughton, J. M., von Molnar, S., Roukes, M. L., Chtchelkanova, A. Y., and Treger, D. M., "Spintronics : A Spin-Based Electronics Vision for the Future," *Science*, volume 294, no. 5546, pp. 1488–1495, 2001

[16] Das Sarma, Sankar, "Spintronics," *American Scientist*, volume 89, p. 516, 2001

[17] Datta, S. and Das, B., "Electronic analog of the electro-optic modulator," *Applied Physics Letters*, volume 56, no. 7, pp. 665–667, 1990

[18] Rashba, E. I., *Sov Phys Solid State*, volume 2, p. 1224, 1960

[19] Koo, H. C., Kwon, J. H., Eom, J., Chang, J., Han, S. H., and Johnson, M., "Control of Spin Precession in a Spin-Injected Field Effect Transistor," *Science*, volume 325, no. 5947, pp. 1515–1518, 2009

[20] Agnihotri, P. and Bandyopadhyay, S., "Analysis of the two-dimensional Datta-Das spin field effect transistor," *Physica E*, volume 42, no. 5, pp. 1736 – 1740, ISSN 1386-9477, 2010

[21] Hall, K. C. and Flatté, M.E., "Performance of a spin-based insulated gate field effect transistor," *Applied Physics Letters*, volume 88, no. 16, p. 162503, 2006

[22] Ferrand, D., Cibert, J., Wasiela, A., Bourgognon, C., Tatarenko, S., Fishman, G., Andrearczyk, T., Jaroszynski, J., Dietl, S. K. T., Barbara, B., , and Dufeu, D., "Carrier-induced ferromagnetism in p-$Zn_{1-x}Mn_xTe$," *Phys Rev B*, volume 63, p. 085201, 2001

[23] Haury, A., Wasiela, A., Arnoult, A., Cibert, J., Tatarenko, S., and Dietl, T., "Observation of ferromagnetic transition induced by two dimensionnal hole gas in modulation doped CdMnTe quantum wells." *Phys Rev Lett*, volume 79, p. 511, 1997

[24] Saito, H., Zayets, V., Yamagata, S., and Ando, K., "Room-Temperature Ferromagnetism in a II-VI Diluted Magnetic Semiconductor $Zn_{1-x}Cr_xTe$," *Phys Rev Lett*, volume 90, p. 207202, 2003

[25] Kuroda, S., Nishizawa, N., Mitome, M., Bando, Y., Osuch, K., and Dietl, T., "Origin and control of high-temperature ferromagnetism in semiconductors," *Nature Materials*, volume 6, p. 440, 2007

[26] Zhao, Y.-J., Shishidou, T., and Freeman, A. J., "Ruderman Kittel Kasuya Yosida-like Ferromagnetism in MnxGe1-x," *Phys Rev Lett*, volume 90, p. 047204, 2003

[27] Park, Y. D., Wilson, A., Hanbicki, A. T., Mattson, J. E., Ambrose, T., Spanos, G., and Jonker, B. T., "Magnetoresistance of Mn :Ge ferromagnetic nanoclusters in a diluted magnetic semiconductor matrix," *Applied Physics Letters*, volume 78, no. 18, pp. 2739–2741, 2001

[28] Park, Y. D., Hanbicki, A. T., Erwin, S. C., Hellberg, C. S., Sullivan, J. M., Mattson, J. E., Ambrose, T. F., Wilson, A., Spanos, G., and Jonker, B. T., "A Group-IV Ferromagnetic Semiconductor : Mn_xGe_{1-x}," *Science*, volume 295, no. 5555, pp. 651–654, 2002

[29] Cho, S., Choi, S., Hong, S. C., Kim, Y., Ketterson, J. B., Kim, B.-J., Kim, Y. C., and Jung, J.-H., "Ferromagnetism in Mn-doped Ge," *Phys Rev B*, volume 66, no. 3, p. 033303, Jul 2002

[30] Edmonds, K. W., Bogusławski, P., Wang, K. Y., Campion, R. P., Novikov, S. N., Farley, N. R. S., Gallagher, B. L., Foxon, C. T., Sawicki, M., Dietl, T., Buongiorno Nardelli, M., and Bernholc, J., "Mn Interstitial Diffusion in (Ga,Mn)As," *Phys Rev Lett*, volume 92, no. 3, p. 037201, Jan 2004

[31] Edmonds, K. W., Wang, K. Y., Campion, R. P., Neumann, A. C., Farley, N. R. S., Gallagher, B. L., and Foxon, C. T., "High-Curie-temperature $Ga_{1-x}Mn_xAs$ obtained by resistance-monitored annealing," *Applied Physics Letters*, volume 81, no. 26, pp. 4991–4993, 2002

[32] Kioseoglou, G., Hanbicki, A., Erwin, C. Liand S., Goswami, R., and Jonker, B., "Epitaxial Growth of the Diluted Magnetic Semiconductors Cr_yGe_{1-y} and $Cr_yMn_xGe_{1-x-y}$," *App Phys Letters*, 2003

[33] Choi, S., Hong, S. C., Cho, S., Kim, Y., Ketterson, J. B., Jung, C.-U., Rhie, K., j. Kim, B., and Kim, Y. C., "Ferromagnetism in Cr-doped Ge." *Appl Phys Lett*, volume 81, p. 3606, 2002

[34] Theodoropoulou, N., Hebard, A. F., Chu, S. N. G., Overberg, M. E., Abernathy, C. R., Pearton, S. J., Wilson, R. G., Zavada, J. M., and Park, Y. D., "Magnetic and structural properties of Fe, Ni and Mn-implanted SiC," *J Vac Sci Technol A*, volume 20, p. 579, 2002

[35] Prinz, G. A., Rado, G. T., and Krebs, J. J., "Magnetic properties of single-crystal 110 iron films grown on GaAs by molecular beam epitaxy," *Journal of Applied Physics*, volume 53, no. 3, pp. 2087–2091, 1982

[36] Filipe, A., Schuhl, A., and Galtier, P., "Structure and magnetism of the Fe/GaAs interface," *Applied Physics Letters*, volume 70, no. 1, pp. 129–131, 1997

[37] Julliere, M., "Tunneling between ferromagnetic films," *Physics Letters A*, volume 54, no. 3, pp. 225 – 226, ISSN 0375-9601, 1975

[38] Schmidt, G., Ferrand, D., Molenkamp, L. W., Filip, A. T., and van Wees, B. J., "Fundamental obstacle for electrical spin injection from a ferromagnetic metal into a diffusive semiconductor," *Phys Rev B*, volume 62, no. 8, pp. R4790–R4793, Aug 2000

[39] Fert, A., George, J.-M., Jaffres, H., and Mattana, R., "Semiconductors Between Spin-Polarized Sources and Drains," *Electron Devices*, volume 54 issue 5, pp. 921 – 932, 2007

[40] Valet, T. and A., Fert, "Theory of the perpendicular magnetoresistance in magnetic multilayers," *Phys Rev B*, volume 48, no. 10, pp. 7099–7113, Sep 1993

[41] Rashba, E. I., "Theory of electrical spin injection : Tunnel contacts as a solution of the conductivity mismatch problem," *Phys Rev B*, volume 62, no. 24, pp. R16267–R16270, Dec 2000

[42] Motsnyi, V. F., Boeck, J. De, Das, J., Roy, W. Van, Borghs, G., Goovaerts, E., and Safarov, V. I., "Electrical spin injection in a ferromagnet/tunnel barrier/semiconductor heterostructure," *Applied Physics Letters*, volume 81, no. 2, pp. 265–267, 2002

[43] Hanbicki, A. T., van 't Erve, O. M. J., Magno, R., Kioseoglou, G., Li, C. H., Jonker, B. T., Itskos, G., Mallory, R., Yasar, M., and Petrou, A., "Analysis of the transport process providing spin injection through an Fe/AlGaAs Schottky barrier," *Applied Physics Letters*, volume 82, no. 23, pp. 4092–4094, 2003

[44] Hirohata, A., Xu, Y. B., Guertler, C. M., Bland, J. A. C., and Holmes, S. N., "Spin-polarized electron transport in a NiFe/GaAs Schottky diode," *Journal of Magnetism and Magnetic Materials*, volume 226-230, no. Part 1, pp. 914 – 916, 2001

[45] Stephens, J., Berezovsky, J., McGuire, J. P., Sham, L. J., Gossard, A. C., and Awschalom, D. D., "Spin Accumulation in Forward-Biased MnAs/GaAs Schottky Diodes," *Phys Rev Lett*, volume 93, no. 9, pp. 097602–, August 2004

[46] Lou, X., Adelmann, C., Furis, M., Crooker, S. A., Palmstrøm, C. J., and Crowell, P. A., "Electrical Detection of Spin Accumulation at a Ferromagnet-Semiconductor Interface," *Phys Rev Lett*, volume 96, no. 17, p. 176603, May 2006

[47] Huang, B., Monsma, D. J., and Appelbaum, I., "Experimental realization of a silicon spin field-effect transistor," *Applied Physics Letters*, volume 91, no. 7, p. 072501, 2007

[48] Jonker, B. T., Kioseoglou, G., Hanbicki, A. T., Li, C. H., and Thompson, P. E., "Electrical spin-injection into silicon from a ferromagnetic metal/tunnel barrier contact," *Nat Phys*, volume 3, no. 8, pp. 542–546, ISSN 1745-2473, August 2007

[49] Shen, C., Trypiniotis, T., Lee, K. Y., Holmes, S. N., Mansell, R., Husain, M., Shah, V., Li, X. V., Kurebayashi, H., Farrer, I., de Groot, C. H., Leadley, D. R., Bell, G., Parker, E. H. C., Whall, T., Ritchie, D. A., and Barnes, C. H. W., "Spin transport in germanium at room temperature," *App Phys Letters*, volume 97, p. 162104, 2010

[50] Crooker, S. A., Garlid, E. S., Chantis, A. N., Smith, D. L., Reddy, K. S. M., Hu, Q. O., Kondo, T., Palmstrøm, C. J., and Crowell, P. A., "Bias-controlled sensitivity of ferromagnet/semiconductor electrical spin detectors," *Phys Rev B*, volume 80, no. 4, p. 041305, Jul 2009

[51] de Groot, R. A., Mueller, F. M., Engen, P. G. van, and Buschow, K. H. J., "New Class of Materials : Half-Metallic Ferromagnets," *Phys Rev Lett*, volume 50, no. 25, pp. 2024–2027, Jun 1983

[52] Dordevic, S. V., Kohlman, L. W., Stojilovic, N., Hu, Rongwei, and Petrovic, C., "Signatures of electron-boson coupling in the half-metallic ferromagnet $Mn5Ge3$: Study of electron self-energy $\Sigma(\omega)$ obtained from infrared spectroscopy," *Phys Rev B*, volume 80, no. 11, p. 115114, Sep 2009

[53] Picozzi, S., Continenza, A., and Freeman, A. J., "First-principles characterization of ferromagnetic Mn_5Ge_3 for spintronic applications," *Phys Rev B*, volume 70, no. 23, pp. 235205–235214, Dec 2004

[54] Panguluri, R. P., Zeng, C., Weitering, H. H., Sullivan, J. M., Erwin, S. C., and Nadgorny, B., "Spin polarization and electronic structure of ferromagnetic Mn5Ge3 epilayers," *phys stat sol b*, volume 242, no. 8, pp. R67–R69, 2005

[55] Schmalhorst, J., Kämmerer, S., Sacher, M., Reiss, G., Hütten, A., and Scholl, A., "Interface structure and magnetism of magnetic tunnel junctions with a Co_2MnSi electrode," *Phys Rev B*, volume 70, no. 2, p. 024426, Jul 2004

[56] Tanaka, C. T., Nowak, J., and Moodera, J. S., "Magnetoresistance in ferromagnet-insulator-ferromagnet tunnel junctions with half-metallic ferromagnet NiMnSb compound," *Journal of Applied Physics*, volume 81, no. 8, pp. 5515–5517, 1997

[57] Inomata, K., Okamura, S., Goto, R., and Tezuka, N., "Large Tunneling Magneto-resistance at Room Temperature Using a Heusler Alloy with the B2 Structure," *Japanese Journal of Applied Physics*, volume 42, no. Part 2, No. 4B, pp. L419–L422, 2003

[58] Yuasa, S., Sato, T., Tamura, E., Suzuki, Y., Yamamori, H., Ando, K., and Katayama, T., "Magnetic tunnel junctions with single-crystal electrodes : A crystal anisotropy of tunnel magneto-resistance," *EPL Europhysics Letters*, volume 52, no. 3, p. 344, 2000

[59] Butler, W. H., Zhang, X.-G., Schulthess, T. C., and MacLaren, J. M., "Spin-dependent tunneling conductance of FeMgOFe sandwiches," *Phys Rev B*, volume 63, no. 5, p. 054416, Jan 2001

[60] Zutic, I., Fabian, J., and Erwin, S. C., "Spin Injection and Detection in Silicon," *Phys Rev Lett*, volume 97, no. 2, p. 026602, Jul 2006

[61] Surgers, C., Potzger, K., Strache, T., Moller, W., Fischer, G., Joshi, N., and v. Lohneysen, H., "Magnetic order by C-ion implantation into Mn_5Si_3 and Mn_5Ge_3 and its lateral modification," *Applied Physics Letters*, volume 93, no. 6, pp. 062503–062505, 2008

[62] Castelliz, l., volume 84, pp. 765–776, 1953

[63] Zwicker, U., Jahn, E., and Schubert, K., "The Manganese Germanium system," volume 40, p. 433, 1949

[64] Stroppa, A., Picozzi, S., Continenza, A., and Freeman, A. J., "Electronic structure and ferromagnetism of Mn-doped group-IV semiconductors," *Phys Rev B*, volume 68, no. 15, p. 155203, Oct 2003

[65] Picozzi, S., Antoniella, F., Continenza, A., MoscaConte, A., Debernardi, A., and Peressi, M., "Stabilization of half metallicity in Mn-doped silicon upon Ge alloying," *Phys Rev B*, volume 70, no. 16, p. 165205, Oct 2004

[66] Ploog, K., "Molecular Beam Epitaxy of III-V Compounds : Application of MBE-Grown Films," *Crystals-Growth Properties and Application*, 1982

[67] Villain, J., A. Pimpinelli, *Physique de la croissance cristalline*, Eyrolles, 1994

[68] Volmer, M., A. Weber, *Z Phys Chem*, volume 119, p. 277, 1926

[69] Frank, F. C. and van der Merwe, J. H., "One-Dimensional Dislocations. I. Static Theory," *Proceedings of the Royal Society of London A*, volume 198, no. 1053, pp. 205–216, 1949

[70] Stranski, I.N. and Krastanov, L., *Akad Wiss Lit Mainz Math Nat Kl Iib*, volume 146, p. 797, 1939

[71] Schwoebel, R. L., "Step Motion on Crystal Surfaces. II," *J Appl Phys*, volume 40, p. 614, 1969

[72] Thürmer, K., Koch, R., Weber, M., , and Rieder, K. H., "Dynamic Evolution of Pyramid Structures during Growth of Epitaxial Fe(001) Films," *Phys Rev Lett*, volume 75, p. 1767, 1995

[73] Harris, J.J., Joyce, B A., and Dobson, P.J., "Oscillations in the surface structure of Sn-doped GaAs during growth by MBE," *Surface Science*, volume 103, no. 1, pp. L90 – L96, ISSN 0039-6028, 1981

[74] Wood, N.B., "A simple method for the calculation of turbulent deposition to smooth and rough surfaces," *Journal of Aerosol Science*, volume 12, no. 3, pp. 275 – 290, 1981

[75] Joyce, B.A., Dobson, P.J., Neave, J. H., Woodbridge, K., Zhang, J., Larsen, P.K., and Bôlger, B., "RHEED studies of heterojunction and quantum well formation during MBE growth – from multiple scattering to band offsets," *Surface Science*, volume 168, no. 1-3, pp. 423 – 438, 1986

[76] Neave, J. H., Joyce, B. A., Dobson, P. J., and Norton, N., "Dynamics of film growth of GaAs by MBE from Rheed observations," *Applied Physics A Materials Science Processing*, volume 31, no. 1, pp. 1–8, May 1983

[77] Aarts, J. and Larsen, P.K., "Monolayer and bilayer growth on Ge(111) and Si(111)," *Surface Science*, volume 188, no. 3, pp. 391 – 401, 1987

[78] Compton, A., Allison, *X-Rays in Theory and Experiment*, 1954

[79] Auger, P., *J Phys Radium*, volume 6, p. 183, 1925

[80] Stamenov, P. and Coey, J. M. D., "Sample size, position, and structure effects on magnetization measurements using second-order gradiometer pickup coils," *Review of Scientific Instruments*, volume 77, no. 1, p. 015106, 2006

[81] Continenza, A., Profeta, G., and Picozzi, S., "Transition metal impurities in Ge : Chemical trends and codoping studied by electronic structure calculations," *Phys Rev B*, volume 73, no. 3, p. 035212, Jan 2006

[82] Brandt, N. B. and Moshchalkov, V. V., "Semimagnetic semiconductors," *Advances in Physics*, volume 33, no. 3, pp. 193–256, 1984

[83] Chiba, D., Matsukura, F., and Ohno, H., "Electric-field control of ferromagnetism in (Ga,Mn)As," *Applied Physics Letters*, volume 89, no. 16, p. 162505, 2006

[84] Vikhrovaa, O. V., Danilova, Y. A., Zvonkova, B. N., Kudrina, A. V., Podol'skioe, V. V., Drozdovb, Y. N., Sapozhnikovb, M. V., Mourac, C., Vasilevskiyc, M. I., and Temiryazevad, M. P., "Ferromagnetism in InMnAs layers at room temperature," *Physics of the Solid State*, volume 50, pp. 52–55, 10.1007/s11451-008-1011-6, 2008

[85] Ando, K., "Seeking Room-Temperature Ferromagnetic Semiconductors," *Science*, volume 312, no. 5782, pp. 1883–1885, 2006

[86] Jamet, M., Barski, A., Devillers, T., Poydenot, V., Dujardin, R., Bayle-Guillemaud, P., Rothman, J., Bellet-Amalric, E., Marty, A., Cibert, J., Mattana, R., and Tatarenko, S., "High-Curie-temperature ferromagnetism in self-organized $Ge_{1-x}Mn_x$ nanocolumns," *Nat Mater*, volume 5, no. 8, pp. 653–659, August 2006

[87] Devillers, T., Jamet, M., Barski, A., Poydenot, V., Bayle-Guillemaud, P., Bellet-Amalric, E., Cherifi, S., and Cibert, J., "Structure and magnetism of self-organized $Ge_{1-x}Mn_x$ nanocolumns on Ge(001)," *Phys Rev B*, volume 76, no. 20, p. 205306, Nov 2007

[88] Woodbury, H. H. and Tyler, W. W., "Properties of Germanium Doped with Manganese," *Phys Rev*, volume 100, no. 2, pp. 659–662, Oct 1955

[89] Chui, C. O., Kim, H., Chi, D., Triplett, B. B., McIntyre, P. C., and Saraswat, K. C., *Tech Dig Int Electron Devices Meet*, p. 437, 2002

[90] Massalki, T.B., "Binary alloy phase diagrams," *ASM International*, volume 1, p. 2, 1990

[91] Gokhale, A. and Abbaschian, R., "The Ge-Mn (Germanium-Manganese) system," *Journal of Phase Equilibria*, volume 11, no. 5, pp. 460–468, October 1990

[92] Ohba, T., Watanabe, N., and Komura, Y., "Temperature dependence of the lattice constants and the structure of $Mn_{11}Ge_8$ at 295 and 116 K," *Acta Crystallographica Section B*, volume 40, no. 4, pp. 351–354, Aug 1984

[93] Israiloff, P., Völlenkle, H., and Wittmann, A., "Die kristallstruktur der verbindungen V11Ge8, $Cr_{11}Ge_8$ und $Mn_{11}Ge_8$," volume 105, pp. 1387–1404, 1974

[94] Yamada, N., K.Maeda, Usami, Y., and Ohoyama, T., "Magnetic Properties of Intermetallic Compound $Mn_{11}Ge_8$," *Journal of the Physical Society of Japan*, volume 55, no. 11, pp. 3721–3724, 1986

[95] Yamada, N., "Atomic Magnetic Moment and Exchange Interaction between Mn Atoms in Intermetallic Compounds in Mn-Ge System," *Journal of the Physical Society of Japan*, volume 59, no. 1, pp. 273–288, 1990

[96] Yamada, N., Funahashi, S., Izumi, F., Ikegame, M., and Ohoyama, T., "Magnetic Structure of Intermetallic Compound κ-Mn_5Ge_2," *Journal of the Physical Society of Japan*, volume 56, no. 11, pp. 4107–4112, 1987

[97] Ohoyama, T., Yasukochi, K., and Kanematsu, K., "A New Phase of an Intermetallic Compound $Mn_{3.4}Ge$ and its Magnetism," *Journal of the Physical Society of Japan*, volume 16, no. 2, pp. 352–353, 1961

[98] Matsui, T., Shigematsu, M., Mino, S., Tsuda, H., Mabuchi, H., and Morii, K., "Formation of unknown magnetic phase by solid state reaction of thin multilayered films of MnGe," *Journal of Magnetism and Magnetic Materials*, volume 192, pp. 247–252, 1999

[99] Lawson, A. C., Larson, A. C., Aronson, M. C., Johnson, S., Fisk, Z., Canfield, P. C., Thompson, J. D., and Dreele, R. B. V.., "Magnetic and crystallographic order in α-manganese." *Journal of Applied Physics*, volume 76, pp. 7049–7051, 1994

[100] Hobbs, D., Hafner, J., and Spisak, D., "Understanding the complex metallic element Mn : crystalline and noncollinear magnetic structure of alpha-Mn," *Phys Review B*, volume 68, p. 014407, 2003

[101] Ellner, M., "Kristallstrukturdaten von Mn2Ge." *Journal of Applied Crystallography 13*, volume 1, pp. 99–100, 1980

[102] Komura, Y., Ohba, T., Kifune, K., Hirayama, H., Tagai, T., Yamada, N., and Ohoyama, T., "Structure of ζMn_5Ge_2," *Acta Crystallographica Section C*, 1987

[103] Ohba, T., Kifune, K., and Komura, Y., "Structure determination of ζ-Mn_5Ge_2 using a mixed crystal," *Acta Crystallographica Section*, volume B43, pp. 489–493, 1987

[104] Ohoyama, T., "X-ray and Magnetic Studies of the Manganese-Germanium System," *Journal of the Physical Society of Japan*, volume 16, no. 10, pp. 1995–2002, 1961

[105] Komura, Y. and Hirayama, H., "The crystal structure of ζ-Mn$_2$Ge." *Acta Crystallographica Section A*, volume 37, pp. C184–C185, 1981

[106] Shoemaker, C. B., Shoemaker, D. P., Hopkins, T. E., and Yindepit, S., "Refinement of the structure of βMn and of a related phase in the Mn-Ni-Si system," *Acta Crystallographica Section B*, volume 34, no. 12, pp. 3573–3576, 1978

[107] Hafner, J. and Hobbs, D., "Understanding the complex metallic element Mn. ii. Geometric frustration in βMn, phase stability, and phase transitions." *Phys Rev B*, volume 68, p. 014408, 2003

[108] Hortamani, M., *Theroy of Adsorption, Diffusion and Spinpolarization of Mn on Si(001) and Si(111) Substrates*, Ph.D. thesis, 2006

[109] Goodenough, J. B., "Band structure of transition metals and their alloys," *Phys Rev*, volume 120, pp. 67–83, 1960

[110] Takizawa, H., Yamashita, T., Uheda, K., and Endo, T., "High-pressure synthesis of ferromagnetic Mn$_3$Ge with the Cu$_3$Au-type structure," *Journal of Physics Condensed Matter*, volume 14, pp. 11147–11150(4), 2002

[111] Continenza, A. and Profeta, G., "Mn doping in model amorphous Si and Ge : A theoretical investigation," *Journal of Physics Conference Series*, volume 200, no. 3, p. 032014, 2010

[112] Devillers, Thibaut, *Etude des propriétés physiques des phases de GeMn ferromagnetiques pour l'electronique de spin*, Ph.D. thesis, 2008

[113] Padova, P. De, J.-P. Ayoub, J.-P., Berbezier, I., Mariot, J.-M., Taleb-Ibrahimi, A., Richter, M. C., Testa, O. Heckmannand A.M., Fiorani, D., Olivieri, B., Picozzi, S., and Hricovini, K., "Mn$_x$Ge$_{1-x}$ thin layers studied by TEM, X-ray absorption spectroscopy and SQUID magnetometry," *Surface Science*, volume 601, pp. 2628–2631, 2007

[114] Cho, Young Mi, Yu, Sang Soo, Ihm, Young Eon, Kim, Dojin, Kim, Hyojin, Baek, Jong Sung, Kim, Chang Soo, and Lee, Byoung Taek, "Annealing effect on magnetic and electronic properties of polycrystalline Ge1-xMnx semiconductors grown by MBE," *Journal of Magnetism and Magnetic Materials*, volume 282, pp. 385 – 388, ISSN 0304-8853, international Symposium on Advanced Magnetic Technologies, 2004

[115] De Padova, P., Ayoub, J.-P., Berbezier, I., Perfetti, P., Quaresima, C., Testa, A. M., Fiorani, D., Olivieri, B., Mariot, J.-M., Taleb-Ibrahimi, A., Richter, M. C., Heckmann, O., and Hricovini, K., "Mn$_{0.06}$Ge$_{0.94}$ diluted magnetic semiconductor epitaxially grown on Ge(001) : Influence of Mn$_5$Ge$_3$ nanoscopic clusters on the electronic and magnetic properties," *Phys Rev B*, volume 77, no. 4, p. 045203, Jan 2008

[116] Forsyth, J. B. and Brown, P. J., "The spatial distribution of magnetisation density in Mn$_5$Ge$_3$," *Journal of Physics Condensed Matter*, volume 2, no. 11, p. 2713, 1990

[117] Wittmer, M., Nicolet, M.-A., and Mayer, J.W., "The first phase to nucleate in planar transition metal-germanium interfaces," *Thin Solid Films*, volume 42, no. 1, pp. 51 – 59, ISSN 0040-6090, 1977

[118] Stroppa, A. and Peressi, M., "Non-collinear magnetic states of Mn_5Ge_3 compound," *Materials Science in Semiconductor Processing*, volume 9, no. 4-5, pp. 841 – 847, proceedings of Symposium T E-MRS 2006 Spring Meeting on Germanium based semiconductors from materials to devices, 2006

[119] Tawara, Y. and Sato, K., "On the Magnetic Anisotropy of Single Crystal of Mn_5Ge_3," *Journal of the Physical Society of Japan*, volume 18, no. 6, pp. 773–777, 1963

[120] Kappel G, G. Fischer and Jaegle, A., "On the saturation magnetization of Mn_5Ge_3," *Phys Letters A*, volume 45, pp. 267–268, 1973

[121] Brown, P. J., Forsyth, J. B., Nunez, V., and Tasset, F., "The low-temperature antiferromagnetic structure of Mn_5Si_3 revised in the light of neutron polarimetry," *J Phys Condens Matter*, volume 4, p. 10025, 1992

[122] Slipukhina, I., Arras, E., Mavropoulos, Ph., and Pochet, P., "Simulation of the enhanced Curie temperature in $Mn_5Ge_3C_x$ compounds," *Applied Physics Letters*, volume 94, no. 19, p. 192505, 2009

[123] Zeng, C., Zhu, W., Erwin, S. C., Zhang, Z., and Weitering, H. H., "Initial stages of Mn adsorption on Ge(111)," *Phys Rev B*, volume 70, no. 20, pp. 205340–205347, Nov 2004

[124] Istomina, Z.A., Zinoveva, G. P., Andreeva, L.P., Gel'd, P.V., and Mikhelson, A., *Sov Phys Solid State*, volume 22, p. 167, 1980

[125] Cor L. Claeys, Eddy Simoen, *Extended defects in germanium : fundamental and technological aspect*, Springer Series in Materials Science, 2009

[126] Beamson, G. Briggs, D., *Handbook of Auger Electron Spectroscopy*, Physical Electronics, USA, 1995

[127] Lonzarich, G. G. and Taillefer, L., "Effect of spin fluctuations on the magnetic equation of state of ferromagnetic or nearly ferromagnetic metals," *Journal of Physics C Solid State Physics*, volume 18, no. 22, p. 4339, 1985

[128] Zhou, Y., Ogawa, M., Bao, M., Han, W., Kawakami, R. K., and Wang, K. L., "Engineering of tunnel junctions for prospective spin injection in germanium," *Applied Physics Letters*, volume 94, no. 24, p. 242104, 2009

[129] Spiesser, A., Olive-Mendez, S.F., Dau, M.-T., Michez, L.A., Watanabe, A., Thanh, V. Le, Glachant, A., Derrien, J., Barski, A., and Jamet, M., "Effect of thickness on structural and magnetic properties of Mn5Ge3 films grown on Ge(111) by solid phase epitaxy," *Thin Solid Films*, volume 518, no. 6, pp. S113 – S117, 2010

[130] Thomas, O., Shen, Q., Schieffer, P., Tournerie, N., and Lépine, B., "Interplay between Anisotropic Strain Relaxation and Uniaxial Interface Magnetic Anisotropy

in Epitaxial Fe Films on (001) GaAs," *Phys Rev Lett*, volume 90, no. 1, p. 017205, Jan 2003

[131] Wang, D., Hadjipanayis, G.C., and Sellmyer, D. J., "Magnetization Of Sm-Fe-N Thin Films With In-Plane Anisotropy," *Ieee Transactions On Magnetics*, volume 28, p. 5, 1992

[132] Gradmann, U., *Magnetism in ultrathin transition metal films, in volume 7 du Handbook of Magnetic Materials*, North Holland, Amsterdam., 1993

[133] Gehanno, V., Hoffmann, R., Samson, Y., Marty, A., and Auffret, S., "In plane to out of plane magnetic reorientation transition in partially ordered FePd thin films," *European Physical Journal B*, volume 10, no. 3, pp. 457–464, 1999

[134] Hehn, M., Padovani, S., Ounadjela, K., and Bucher, J. P., "Nanoscale magnetic domain structures in epitaxial cobalt films," *Phys Rev B*, volume 54, no. 5, pp. 3428–3433, Aug 1996

[135] Le Thanh, V. and Yam, V., "Superlattices of self-assembled Ge/Si(0 0 1) quantum dots," *Applied Surface Science*, volume 212-213, pp. 296 – 304, 2003

[136] Lucian, Prejbeanu Ioan, *Configurations De L'aimantation Dans Des Objets Magnetiques A Dimensionalite Reduite. Relation Entre Magnetisme Et Transport*, Ph.D. thesis, Universite Louis Pasteur De Strasbourg, 2001

[137] Néel, L., *J Phys Rad*, volume 17, p. 250, 1956

[138] Raibaut, M. and Marais, A., *Thin Solid Films*, volume 41, no. 3, pp. 281 – 296, 1977

[139] Tiller, Calvin O. and Clark, G. Wayne, "Coercive Force vs Thickness for Thin Films of Nickel-Iron," *Phys Rev*, volume 110, no. 2, pp. 583–585, Apr 1958

[140] Néel, L., *J de Phys Radium*, volume 15, p. 225, 1954

[141] Hubert, A. and Schafer, R., *Magnetic domains : The analysis of the microstrucutures*, Springer Berlin, 1999

[142] Néel, L., "Energie des parois de Bloch dans les couches minces," *CR Acad Sci Paris*, volume 241, p. 533, 1955

[143] Kittel, Charles, "Theory of the Structure of Ferromagnetic Domains in Films and Small Particles," *Phys Rev*, volume 70, no. 11-12, pp. 965–971, Dec 1946

[144] Chikazumi, S., *Physics of Magnetism*, Inc., 1964

[145] Prejbeanu, I. L., Buda, L. D., Ebels, U., and Ounadjela, K., "Observation of asymmetric Bloch walls in epitaxial Co films with strong in-plane uniaxial anisotropy," *Appl Phys Lett*, volume 77, p. 3066, 2000

[146] Kent, A D, Yu, J, Rüdiger, U, and Parkin, S S P, "Domain wall resistivity in epitaxial thin film microstructures," *Journal of Physics Condensed Matter*, volume 13, no. 25, p. R461, 2001

[147] Kittel, Charles, "Physical Theory of Ferromagnetic Domains," *Rev Mod Phys*, volume 21, no. 4, pp. 541–583, Oct 1949

[148] Olive-Mendez, S. F., *Croissance par jets moléculaires (MBE) des jonctions tunnel magnétiques et semiconducteurs magnétiques sur des substrats de Si(Ge) pour des applications en électronique de spin*, Ph.D. thesis, Université d'Aix-Marseille II, 2008

[149] Chen, T. Y., Chien, C. L., and Petrovic, C., "Enhanced Curie temperature and spin polarization in Mn_4FeGe_3," *Applied Physics Letters*, volume 91, no. 14, p. 142505, 2007

[150] Gajdzik, M., Sürgers, C., Kelemen, M. T., and Löhneysen, H. V., "Strongly enhanced Curie temperature in carbon-doped Mn_5Ge_3 films," *Journal of Magnetism and Magnetic Materials*, volume 221, no. 3, pp. 248 – 254, 2000

[151] Parthe, E., Jeitschko, W., and Sadagopan, V., *Acta Crystallographica*, volume 19, p. 1031, 1965

[152] Le Thanh, V., Calmes, C., Zheng, Y., and Bouchier, D., "Multilayer-array growth of SiGeC alloys on Si(001)," *Applied Physics Letters*, volume 80, no. 1, pp. 43–45, 2002

[153] Arras, E., Slipukhina, I., Torrent, M., Caliste, D., Deutsch, T., and Pochet, P., "First principles prediction of the metastability of the Ge_2Mn phase and its synthesis pathways," *Applied Physics Letters*, volume 96, no. 23, p. 231904, 2010

[154] Janotti, A., Wei, S.-H., and Singh, D. J., "First-principles study of the stability of BN and C," *Phys Rev B*, volume 64, no. 17, p. 174107, Oct 2001

[155] Kaibe, H, Nemoto, T, Sato, T, Sakata, M, and Nishida, I, "Composition and physical properties of the most germanium-rich germanide of manganese," *Journal of the Less Common Metals*, volume 138, no. 2, pp. 303 – 312, ISSN 0022-5088, 1988

[156] Matsui, T., Fukushima, T., Shigematsu, M., Mabuchi, H., and Morii, K., "Formation of the (001) textured Mn_5Ge_3 phase by solid state reaction of thin multilayered films," *Journal of Alloys and Compounds*, volume 236, no. 1-2, pp. 111 – 116, 1996

[157] Qiao, S., D.Hou, Wei, Y., Gao, W., Hu, Y., Zhen, C., and Tang, G., "Ferromagnetism in Mn_xGe_{1-x} films prepared by magnetron sputtering," *Journal of Magnetism and Magnetic Materials*, volume 321, no. 16, pp. 2446 – 2450, 2009

[158] Arras, Emmanuel, *ÉÉtude théorique de la structure et de la stabilité des alliages GeMn dans le cadre de la spintronique*, Ph.D. thesis, Université de Grenoble-Joseph Fourier, 2010

Liste des publications

— *Effect of thickness on structural and magnetic properties of Mn_5Ge_3 films grown on Ge(111) by solid phase epitaxy*

A. Spiesser , S. Olive-Mendez, L.A. Michez, V. Le Thanh, A. Glachant, J. Derrien, T. Devillers, A. Barski, M. Jamet, paru dans Thin Solid Films, 518 (2010), p. S113.

— *Long range Mn segregation and intermixing during subsequent deposition of Ge capping layers on Mn_5Ge_3/Ge(111) heterostructures*

M.-T. Dau, **A. Spiesser**, T. LeGiang, L.A. Michez, S. Olive-Mendez, V. Le Thanh, M. Petit, J.-M. Raimundo, A. Glachant, J. Derrien, paru dans Thin Solid Films, 518 (2010), p. S266.

— *Epitaxial growth of Mn_5Ge_3/Ge(111) heterostructures for spin injection*

S. Olive-Mendez, **A. Spiesser**, L.A. Michez, V. Le Thanh, A. Glachant, J. Derrien, T. Devillers, A. Barski, M. Jamet, paru dans Thin Solid Films, 517 (2008), p. 191.

— *Thermal stability of epitaxial Mn_5Ge_3 and carbon-doped Mn_5Ge_3 films*

A. Spiesser, V. Le Thanh, S. Bertaina, and L.A. Michez, Applied Physics Letters, 99 (2011), p. 121904.

— *Control of magnetic properties of epitaxial $Mn_5Ge_3C_x$ films induced by carbon doping*

A. Spiesser, E. Arras, M.-T. Dau, V. Le Thanh, L.A. Michez, H. Saito ; S. Yuasa, I . Slipukhina, P. Pochet, M. Jamet, Physical Review B, 84 (2011), p. 165203

— *Boosting the Curie temperature in carbon-doped Mn_5Ge_3/Ge fheterostructures.*

A. Spiesser, M-T. Dau, L.A. Michez, M. Petit, C. Coudreau, A. Glachant, V. Le Thanh, International Journal of Nanotechnology, 9 (2012), p. 428.

— *Magnetic anisotropy in Mn_5Ge_3 films*

A. Spiesser, F. Virot, L.A.Michez, R. Hayn, S. Bertaina, L. Favre, M. Petit and V. Le Thanh, Physical Reviw B, 86 (2012), p. 035211.

yes
i want morebooks!

Buy your books fast and straightforward online - at one of the world's fastest growing online book stores! Environmentally sound due to Print-on-Demand technologies.

Buy your books online at

www.get-morebooks.com

Achetez vos livres en ligne, vite et bien, sur l'une des librairies en ligne les plus performantes au monde!
En protégeant nos ressources et notre environnement grâce à l'impression à la demande.

La librairie en ligne pour acheter plus vite

www.morebooks.fr

OmniScriptum Marketing DEU GmbH
Heinrich-Böcking-Str. 6-8
D - 66121 Saarbrücken
Telefax: +49 681 93 81 567-9

info@omniscriptum.de
www.omniscriptum.de

Printed by Books on Demand GmbH, Norderstedt / Germany